探索化学现象

肖傲　编著

吉林出版集团股份有限公司
全国百佳图书出版单位

前言

这是一套带领孩子们探索数学、物理、化学和生物学奥秘的启蒙书。它由浅入深，从基本的数理化概念到高深的科学原理，从简单的生物现象到复杂的生物系统，全面丰富的内容将引领孩子们进入一个神奇的科学世界！

我们将从数学开始，引导孩子们解开古老的数学谜题，从基础算术到几何和代数，让孩子们在故事中愉快地学习。物理和化学将带领孩子们探讨物质变化的原理，让他们惊叹于自然的神奇和科技的力量，同时掌握基本原理。通过学习生物学，孩子们将了解生命科学，探索我们周围世界的多样性。

让我们一起开始这段奇妙的旅程，探索数学、物理、化学和生物学的奥秘吧！

目录

生活中的化学

我们的生活中存在着形形色色的物质，固态的物质就像我们冬天见到的冰块，它们的分子紧紧地结合在一起，构成具体的形状。水是常见的液态物质，它可以被倒到任意一个容器中。空气是最典型的气态混合物，它可以充斥在任何地方。

物质在某些情况下可以跳过液态，直接从固态变成气态，这种转化称为升华。相反，从气态直接变成固态的过程叫凝华。

大多数物质都可以改变状态，从固态到液态再到气态，也可以反方向改变。

液态的水沸腾后变为水蒸气，冷却后又变成液态的水，虽然水发生了形态的变化，但并没有生成其他物质。这种没有生成其他物质的变化叫作物理变化。物质不需要发生化学变化就表现出来的性质叫作物理性质。

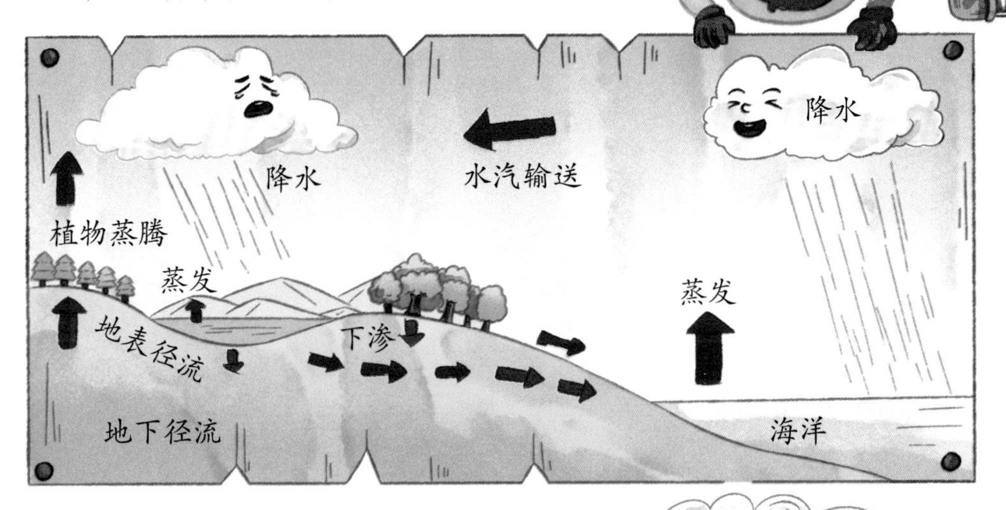

化学变化不但能生成其他物质，而且还伴随着能量的变化，这种能量变化常表现为吸热、放热、发光等。木柴燃烧、铁的生锈等都属于化学变化。我们将物质在化学变化中表现出来的性质叫作化学性质。

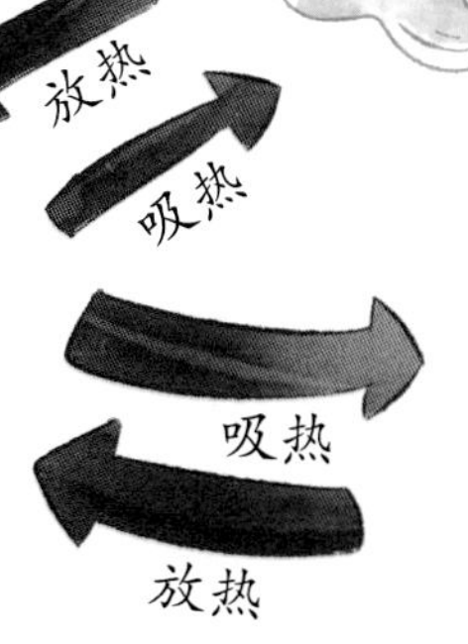

吸热

放热

将一根铁钉放在透明的空杯子中，将另一根铁钉放在装有食用油的杯子中（要让食用油完全浸泡铁钉）。一段时间后，浸泡在食用油中的铁钉没有生锈，透明的空杯子中的铁钉生锈了，这是由于它的化学性质决定的，铁能在潮湿的空气中生锈。

ABC维生素大聚会DEK

午餐时间到，活泼可爱的维生素宝宝们出场了，你能找到它们在哪里吗？其实它们就藏在我们吃的食物中。我们的身体就像一座复杂的化工厂，不断地进行着各种生化反应，而维生素对人体的生长、发育和健康有重要作用。如果长期缺乏维生素，就会引起疾病。

维生素A：我有抗氧化和保护心脑血管的作用，如果少了我，人们就会患夜盲症和干眼病。

维生素是维持身体健康所必需的一类有机化合物，只能从食物中摄取，它们的作用主要是参与调节人体新陈代谢。

维生素B：我的家族很庞大，我们参与和调节人体新陈代谢，如果你长了口腔溃疡，就快去找我的兄弟维生素 B_2 帮忙吧！

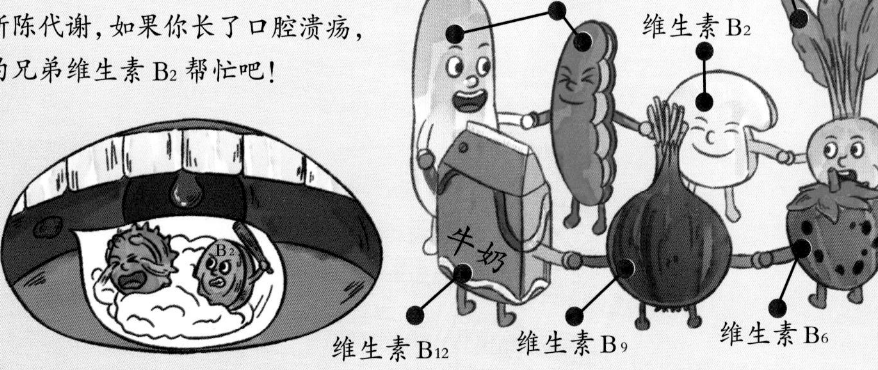

维生素C：我拥有治愈能力，可以促进伤口愈合，还能提高抵抗力。

维生素D：钙是我的好朋友，我可以调节人体的钙平衡，促进钙的吸收代谢，保持骨骼健康。我又称为光照维生素，晒太阳能帮助我合成。

维生素D

维生素E：我可是人们保持青春的“秘密武器”，我有抗氧化作用，能延缓衰老。

维生素K：我有止血功能，伤口流血了我来帮忙。

一日三餐怎么吃？
油25~30克、盐不超过5克、糖不超过50克；
奶制品类300~500克、豆类及坚果25克以上；鱼虾、畜禽、蛋类120~200克；
蔬菜类300~500克；
水果类200~350克；
谷物类及杂豆50~150克。

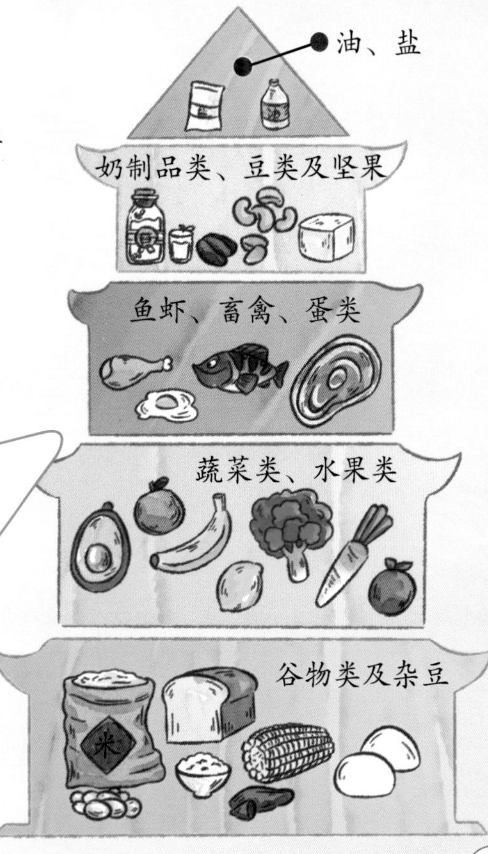

盐博士的实验课

化学中的“盐”是指由阳离子与阴离子所组成的中性离子化合物。而我们生活中的“盐”就是指生活中作为调味料的食用盐，它可以丰富菜品的味道，也可以给我们的身体提供营养。现在，让我们一起去盐博士的实验课里听听平时吃的食用盐是怎么生产出来的。

蒸发法是人类取得盐结晶的最古老办法，是指利用日光和风力逐渐使海水中的水分都蒸发掉，然后留下海水中的盐分，这样就提取出了含有较多杂质的粗盐。

混合物是由两种或两种以上的物质混合而成的物质，如醋、海水、混凝土等；纯净物是指由一种单质或一种化合物组成的物质，如氧气、二氧化碳等。

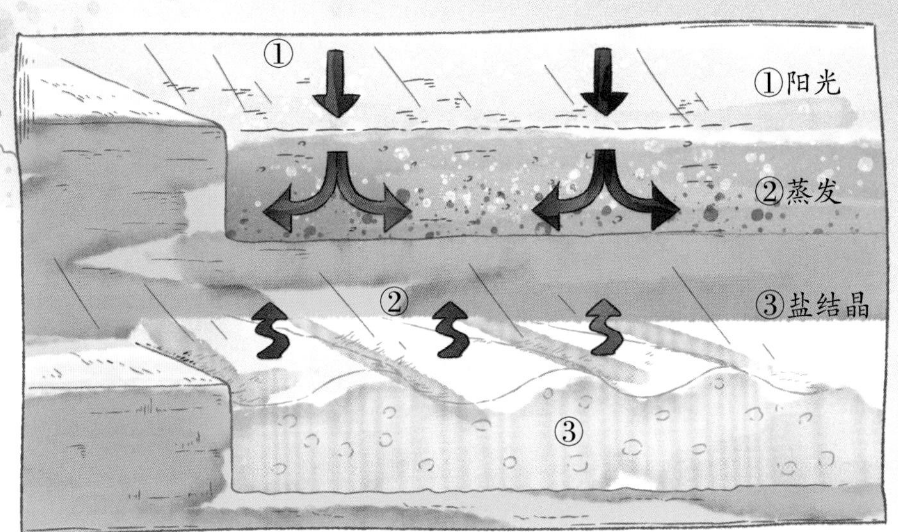

盐类有可溶解和难溶解两大类。

接着我们只需要对粗盐进行溶解、过滤等加工工序，就可以将粗盐制成精盐。

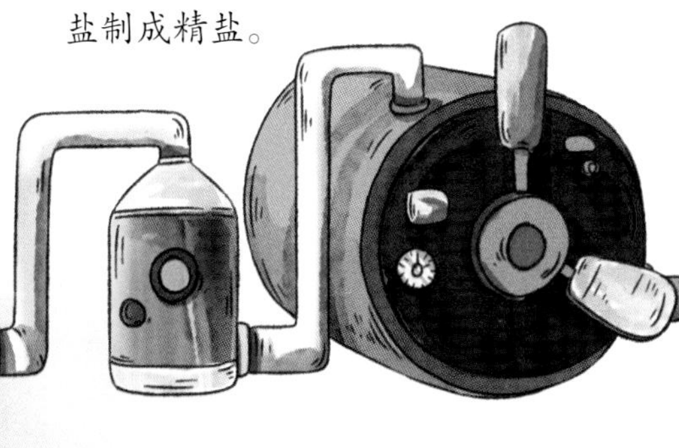

我们通常所说的食盐的主要成分是氯化钠，化学式：NaCl。

燃烧的蜡烛

蜡烛燃烧时，我们会看见什么呢？首先，我们会看见黄色的火焰；然后，我们看到熔化的蜡滴落下来；最后，当我们吹灭蜡烛时，会看到一缕烟。所以，究竟是什么让蜡烛燃烧呢？它的燃烧又产生了什么？一起来看看吧。

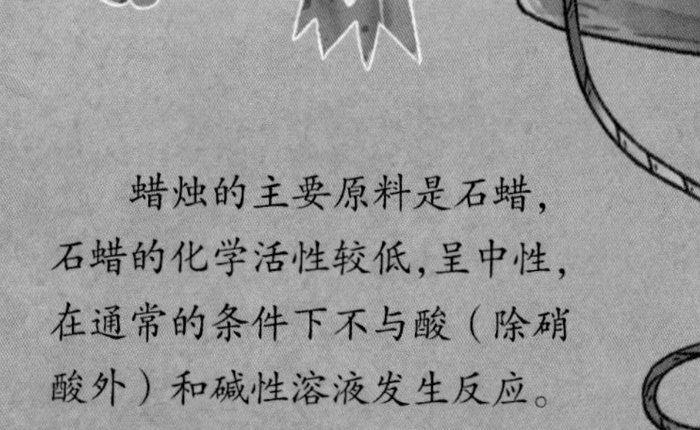

蜡烛的主要原料是石蜡，石蜡的化学活性较低，呈中性，在通常的条件下不与酸（除硝酸外）和碱性溶液发生反应。

某些金属或它们的化合物在灼烧时火焰呈现出特征颜色，一般来说铜燃烧呈绿色，钾燃烧呈紫色（透过蓝色的钴玻璃观察），钠燃烧呈黄色。

燃烧是一种发光发热的化学反应，属于氧化还原反应的一种。

我们看到的蜡烛燃烧并不是石蜡固体的燃烧，而是点火装置将棉芯点燃，放出的热量使石蜡固体熔化，再汽化，生成石蜡蒸气，石蜡蒸气再燃烧。

$$石蜡 + 氧气 \xrightarrow{点燃} 二氧化碳 + 水$$

石蜡燃烧后产生二氧化碳和水。

水果会发电

水果是我们日常吃的一种食物，里面含有丰富的维生素，给我们的身体提供了必要的微量元素。可是你知道水果能发电吗？这是为什么呢？让我们一起走进水果发电实验室去探探究竟吧！

水果中含有大量的果酸，它是一种电解质，可作为电的导体，在水溶液中能够电离出阳离子和阴离子。

这是因为金属片锌和金属片铜的化学活泼性不同，其中更活泼的金属片能置换出水果中酸性物质的氢离子，产生了电荷，从而形成了电流。

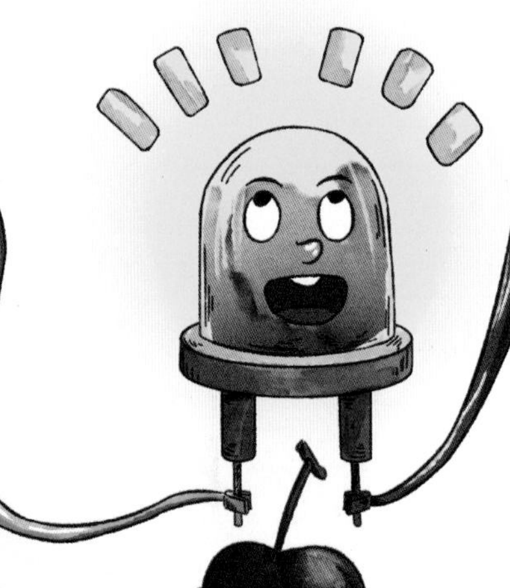

请你试着做做这个实验，会发现水果数量越多，电流量越大，灯就会越亮。

锌是较为活泼的金属，容易从盐酸、稀硫酸等酸性溶液中置换出氢气，也能把比它活泼性弱的金属从它们化合物的溶液中置换出来。

铜是不太活泼的重金属。常温下，与干燥空气不发生反应，但高温下燃烧会生成黑色氧化铜。

果酸中带正电荷的阳离子移向铜片，带负电荷的阴离子移向锌片，从而在柠檬中形成了电流。

在瑞典的一个水果市场里，工人会将腐烂的水果送往工厂厂房。在那里将处理后提取的水果液体，导入埋在地下的容器，用来生产沼气，最后再用沼气发电。

元素周期表

我们在探索物质世界的路上，必须有一张“寻宝图”——元素周期表，这张表把一些看似互不相关的元素整合起来，组成了一个完整的自然体系，它能够准确地表示各种元素的特性及它们之间的关系。认识“寻宝图”，是帮助我们认识物质世界的基础。

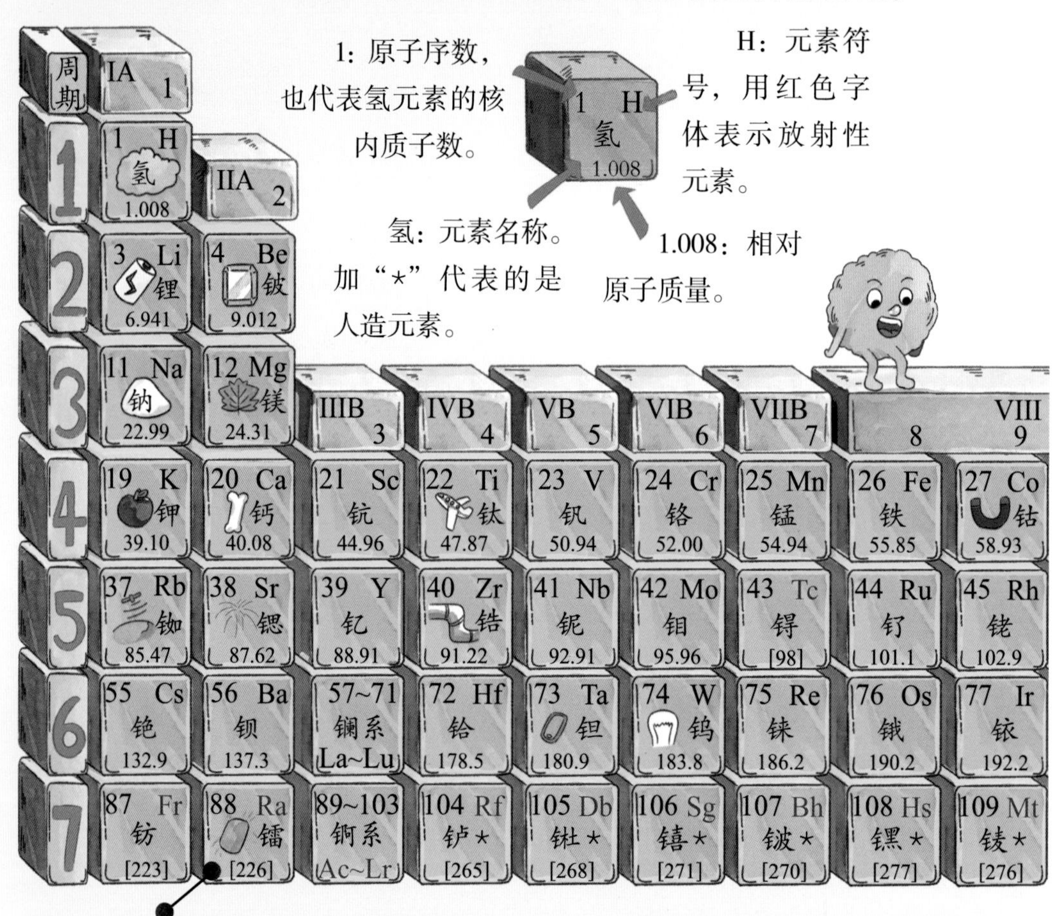

居里夫人发现的镭，具有很强的放射性，它会产生电离辐射使荧光物质发光。

镧系元素都是稀土元素，又称为稀土金属。

57 La 镧 138.9	58 Ce 铈 140.1	59 Pr 镨 140.9	60 Nd 钕 144.2	61 Pm 钷 [145]	62 Sm 钐 150.4	63 Eu 铕 152.0
89 Ac 锕 [227]	90 Th 钍 232.0	91 Pa 镤 231.0	92 U 铀 238.0	93 Np 镎 [237]	94 Pu 钚 [244]	95 Am 镅* [243]

钻石和石墨都属于由碳元素构成的物质，但因为碳原子的排列方式不同，形成了在硬度上完全不同的两种物质。

猜猜看，铜为什么会变绿？

铜是生活中常见的金属之一，我们所熟知的青铜器就是用它和锌制成的。但是，铜在潮湿的环境下非常容易生锈，这是为什么呢？因为铜容易与空气中的氧气、二氧化碳和水蒸气等其他物质发生反应变成金属离子，此过程为生锈。生锈本质上是金属的氧化反应。

两种或两种以上的物质生成另一种新物质的反应就是化合反应。

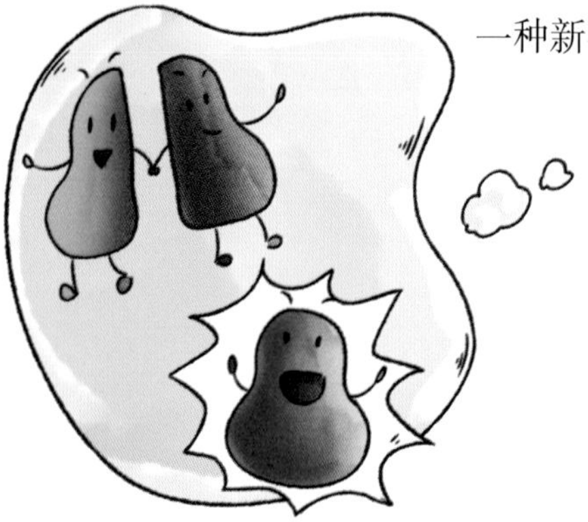

铜在干燥的空气和氧气当中是不会发生反应的，所以在干燥的空气中铜不会生锈。

青铜器表面几乎都会覆盖着一层绿色的铜锈，铜锈俗称铜绿，其主要成分为碱式碳酸铜，是一种无机化合物，化学式为 $Cu_2(OH)_2CO_3$，它是铜与空气中的氧气、二氧化碳和水蒸气等物质反应产生的物质，颜色翠绿。

铜锈通常是一种粉末状的物质，不会附在铜的表面，很容易被摩擦掉，因此表面已经产生铜锈的铜还会被继续氧化，直到完全成为铜锈。

$2Cu+H_2O+CO_2+O_2 = Cu_2(OH)_2CO_3$

铜在潮湿的环境下，和空气中的氧气、水蒸气、二氧化碳反应才会生锈，生成碱式碳酸铜。

有害锈并不只在青铜器表面生成，有可能会进入铜身，腐蚀铜器内部，造成铜器穿孔、断裂，所以要及时除锈。

后母戊鼎是中国古代著名的青铜器之一，后母戊鼎为什么能保存千年不被腐蚀呢？那是因为金属活动性越弱，它越难与其他物质发生反应。而铜的活动性比较弱，所以它与其他物质很难发生化学反应，也比较难被腐蚀掉。

“鸠占鹊巢”的锌

锌是我们人体的重要的微量元素之一，同时锌在化学应用中也有很多妙用。有一天，活泼可爱的“锌”去一个名为“硫酸铜”的村庄找它的朋友“铜”。“铜”是这个村庄的管理者，它很想离开村子到外面看看，于是，“锌”主动提议代理“铜”的职位，帮“铜”好好地料理村庄。然后，“铜”兴高采烈地离开了村庄，开始了它的旅行。

置换反应是一种单质与一种化合物反应，生成另一种单质与另一种化合物的反应，可以表示为 $A+BC=B+AC$ 或 $AB+C=AC+B$。

锌是一种化学元素，它的化学符号是 Zn，是一种浅灰色的过渡金属。外观呈现银白色，呈六边形晶体结构。

硫酸铜是一种无机化合物，化学式为 $CuSO_4$，无水硫酸铜为白色或灰白色粉末，硫酸铜溶液呈弱酸性，显蓝色，而硫酸铜常见的形态为蓝色晶体。

当锌遇到硫酸铜时，硫酸铜里面的铜就被锌取而代之，就变成了硫酸锌和铜。我们在这个过程中会看到锌片表面覆盖一层红色的物质（铜），溶液由蓝色变成无色的现象。

锌 + 硫酸铜 ══ 硫酸锌 + 铜

$Zn+CuSO_4 == ZnSO_4+Cu$

锌的化学性质活泼，在常温下表面易生成一层保护膜，因此锌常被镀在其他金属的表面用来抗腐蚀。

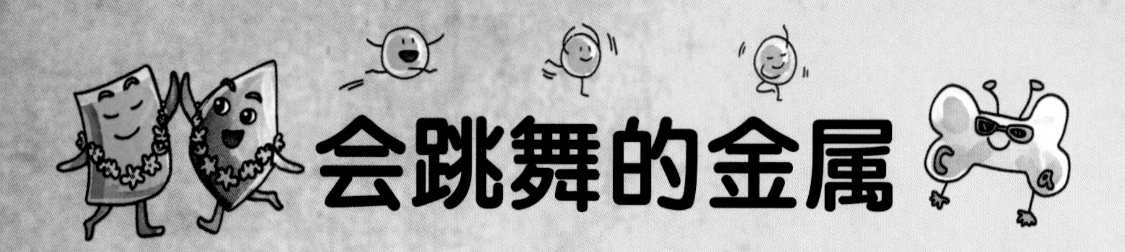

会跳舞的金属

我们身边，除了金、银、铜、铁、铝等常见金属之外，还有很多其他不常见的金属。其中，金属里有一群“舞蹈家”，它们酷爱“跳舞”，因为它们天生活泼，能在多种条件下发生化学反应，多以离子状态或化合物形式存在。判定金属是否活泼是看金属能不能将氢化物中的氢元素置换出来，能置换出来的金属称为活泼金属。

金属活泼性是指金属单质在水溶液中失去电子生成金属阳离子的倾向。

钙（Ca）化学性质活泼，会在空气中或物体表面上形成一层氧化物或氮化物薄膜，可减缓进一步腐蚀。可跟氧反应生成氧化钙。钙常温下跟水反应生成氢氧化钙并放出氢气，跟盐酸、稀硫酸等反应生成盐和氢气等。

钾（K）与水剧烈反应，甚至在冰上也能着火，生成氢氧化钾（KOH）和氢气（H_2），反应时放出的热量能使金属钾熔化，并引起钾和氢气燃烧。

钠（Na）原子的最外层只有 1 个电子，很容易失去，所以有强还原性。因此钠的化学性质很活泼，常温和加热时分别与氧气化合，和水剧烈反应，量大时发生爆炸。钠还能在二氧化碳中燃烧，和低元醇反应产生氢气，和电离能力很弱的液氨也能反应。

金属钠（Na）通常浸放于液体石蜡、矿物油和苯系物中密封保存。

钾这种金属在生活中也会引起火灾，金属火灾通常可以用七氟丙烷灭火器，这种灭火器的灭火效率高，而且在灭火的过程当中不会造成大气污染。

炼铁工厂

氧元素能够和其他物质发生化学反应，生成一种新的物质——氧化物。但氧化物中的金属元素还能被“分离”出来，恢复它本来的面目，这个过程就是还原反应。而原氧化物中的氧与其他物质结合，生成新的氧化物，炼铁就是一个很典型的例子。

炼铁就是利用了 CO（一氧化碳）与氧化铁的反应，在高温情况下用还原剂将铁矿石中的铁氧化物还原成 Fe（金属铁）。

利用一氧化碳还原氧化铁：

$$Fe_2O_3+3CO \xlongequal{高温} 2Fe+3CO_2$$

铁矿石中的氧化铁因为氧被夺走发生了化学变化，生成单质铁。因此这个反应叫作还原反应。

炼铁厂里，工人把铁矿石和焦炭放入冶铁高炉中煅烧，利用炉内反应生成的一氧化碳把铁从矿石里还原出来。

冶炼铁的时候会产生部分杂质，比如 SiO_2（二氧化硅），所以在冶炼的过程中需要加入 CaO（生石灰）来使二氧化硅转化成炉渣，沉淀在高炉内。

古代使用木炭作为燃料,炉温较低，砂铁不能达到完全熔解温度，所以炼出的铁是海绵状的“草铁”。刀匠会将烧红的“草铁”折叠锻打,锻打的次数越多，它的含碳量就会更加均匀，拥有更强大的韧性。

揭开“铁”的神秘面纱

早在战国时期，铁就成为我国最主要的金属。我们常常看到的铁是黑色的，这是因为铁的表面覆盖着一层主要成分为四氧化三铁的保护膜。其实纯净的铁是白色或银白色的，常制作成发电机和电动机的铁芯。

铁是变价元素，最常见的是+2价的铁离子和+3价的铁离子。元素的化合价有正(+)有负(-)，同一元素在不同物质中可显示不同的化合价。

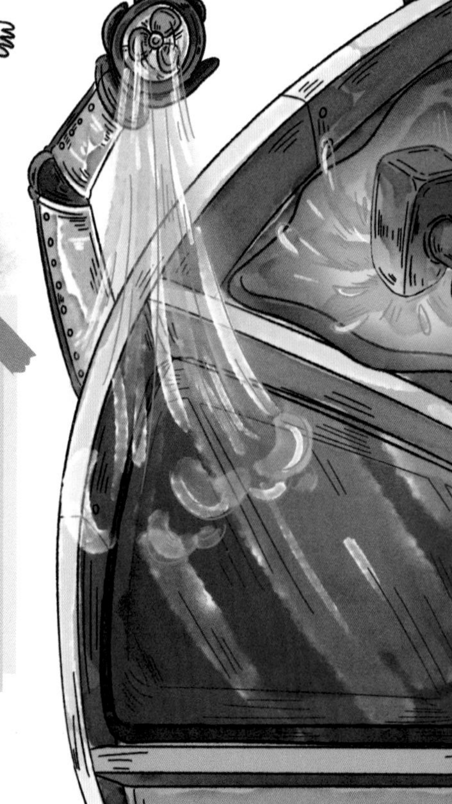

氧化反应是指物质与氧气发生的反应。

① $4Fe+3O_2 = 2Fe_2O_3$

铁在空气中被缓慢氧化生成红色的三氧化二铁，这个过程会缓缓发热但不发光。

② $3Fe+2O_2 \xlongequal{点燃} Fe_3O_4$

铁在氧气中燃烧而被氧化生成黑色的四氧化三铁，这个过程会剧烈地发光发热。

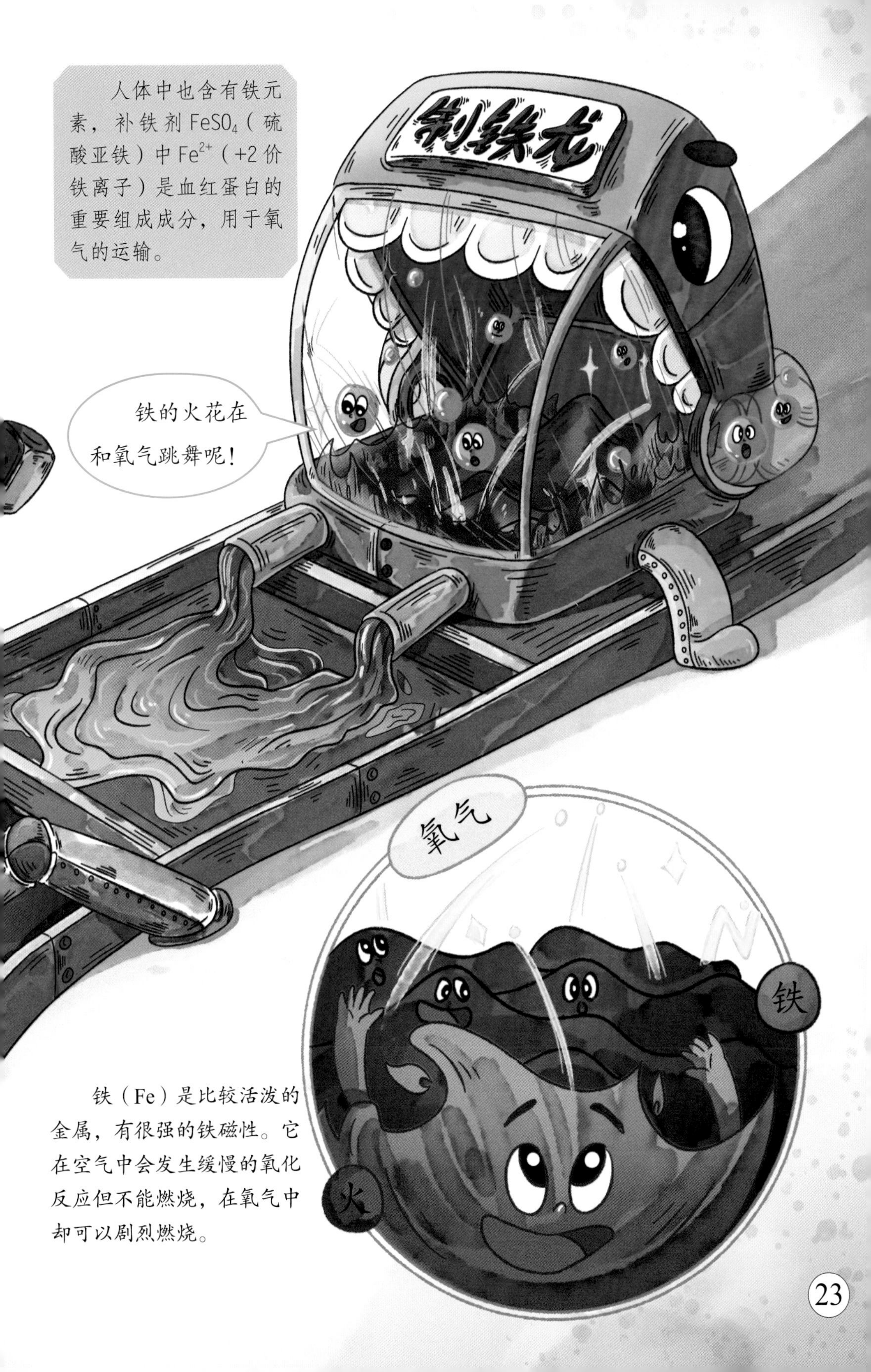
人体中也含有铁元素，补铁剂 $FeSO_4$（硫酸亚铁）中 Fe^{2+}（+2 价铁离子）是血红蛋白的重要组成成分，用于氧气的运输。
制铁龙
铁的火花在和氧气跳舞呢！
氧气
铁
火
铁（Fe）是比较活泼的金属，有很强的铁磁性。它在空气中会发生缓慢的氧化反应但不能燃烧，在氧气中却可以剧烈燃烧。

去污小能手——肥皂

很久很久以前，人们发现油和草木灰混合熬煮得到的油膏可以洗掉衣服上沾染的污渍，这就是早期人们制造的肥皂。那么，我们生活中的肥皂又隐藏着哪些化学知识呢？水分子因为表面张力的作用，无法积极地清理污渍，这时候使用肥皂能让清洁分子融在水里，让水更活泼，并帮助水抓住顽固的污渍。

水解反应中，有机部分是水与另一化合物反应，该化合物分解为两部分，水中的氢离子加到其中的一部分，而羟基加到另一部分，因而得到两种或两种以上新的化合物；无机部分是弱酸根或弱碱离子与水反应，生成弱酸和氢氧根离子或者弱碱和氢离子。

肥皂的主要成分是高级脂肪酸的钠盐或钾盐，它的一端是“亲水基”，另外一端是“亲油基”，这样就可以包裹油污，使其与衣物分离，随水而去。

$$\begin{array}{llll} CH_2OCOR_1 & & & CH_2OH \\ | & & & | \\ CHOCOR_2 & +3NaOH & \rightarrow RCOONa+ & CHOH \\ | & & & | \\ CH_2OCOR_3 & & & CH_2OH \end{array}$$

油脂和碱性物质发生了皂化反应，生成了既亲水又亲油的清洁分子。

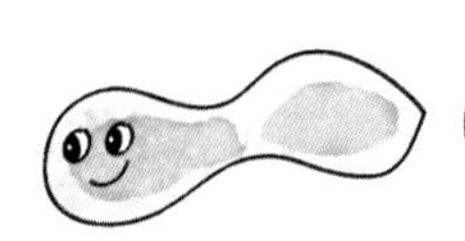

将浓缩的过氧化氢与肥皂混合，加上少量碘化钾（KI）或高锰酸钾（$KMnO_4$），即可看到一股充满氧气的泡沫状物质像喷泉一样从容器中喷涌而出。是因为过氧化氢（H_2O_2）+ 碘化钾（KI）+ 发泡剂混合时，催化剂加快过氧化氢的分解，分解出大量氧气。因为喷射出的泡沫体积很大，又被称为“大象的牙膏”。

会隐身的水宝宝

水被称为人类生命的源泉，它也是地球上常见的物质之一，地球表面约有 71% 被水覆盖。那你们知道吗？水宝宝还会隐身呢！爱研究的豆豆在老师的帮助下，正在专心地研究水宝宝隐身的秘密，现在让我们一起去看看他发现了什么？

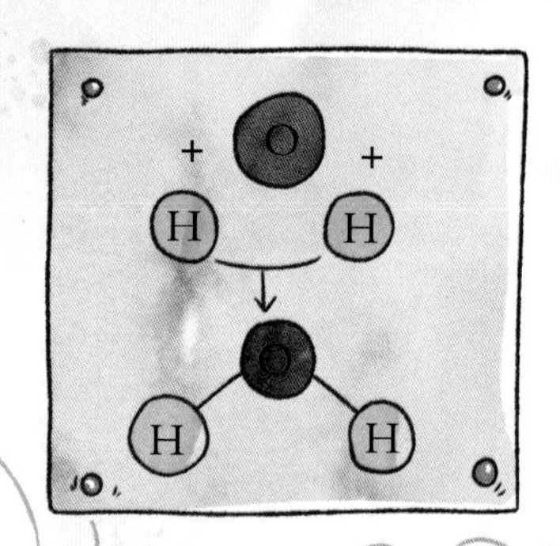

水分子（H_2O）是由 2 个氢原子和 1 个氧原子构成的。

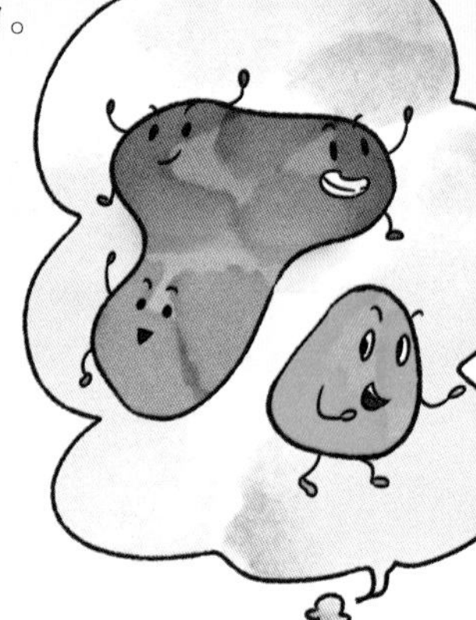

分解反应指一种化合物生成两种或两种以上物质的反应。

生活中常用水是液态水，在标准大气压下，当水达到沸点时，水就变成水蒸气；当温度达到0℃以下，水就形成了固体的状态，呈现为冰、雪、霜等。

氧气（O_2）是无色、无味的气体。氧气的化学性质比较活泼，能与多种元素直接化合。

氢气（H_2）是无色、无味、难溶于水的气体，密度比空气小。氢气在空气中燃烧时，会产生淡蓝色火焰。

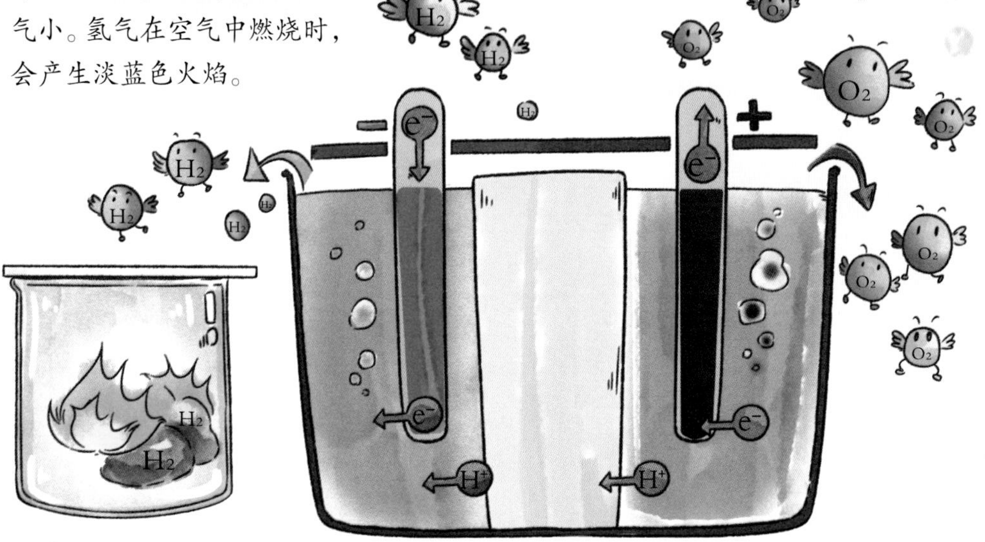

$$2H_2O \xlongequal{\text{通电}} 2H_2\uparrow + O_2\uparrow$$

水在直流电作用下，分解生成氢气和氧气。

为什么蜡烛可以在水中燃烧？是因为点燃蜡烛后，熔化的蜡烛油遇到冷水冷却凝固，把蜡烛芯和水隔开。随着蜡烛不断燃烧，烛火就慢慢燃烧到了水面上，就出现了水火共存的场景。

酸碱大对战

在我们身边随处可见酸和碱的影子，像碳酸饮料中的碳酸就是没有酸味的酸性溶液，而我们制作面包时用到的发酵粉就是一种碱性物质。酸和碱本身是带有相反性质的“死对头”，它们在各自的领域都能有一番作为，一旦相遇可就要分个高低！

酸是指电离时生成的阳离子全部是氢离子(H^+)的化合物。

碱是电离时所生成的负离子全部为氢氧根离子(OH^-)的化合物。

酸遇到碱生成盐和水的反应，我们称为酸碱中和反应。在实际生产应用中，改良土壤酸碱性就是运用了酸碱中和的化学反应。

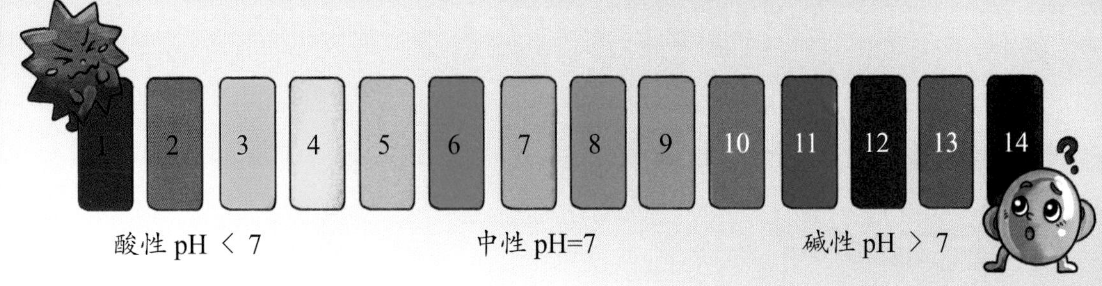

pH 试纸可测定溶液酸碱性，不同的酸碱度对应不同的颜色。

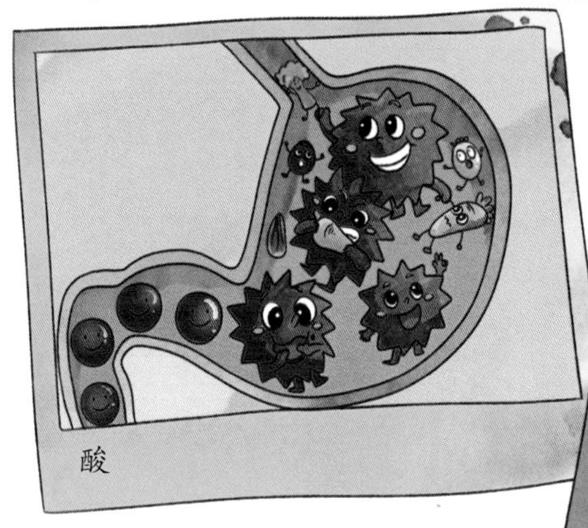

大部分的酸都含有酸味，它具有“腐蚀性”，像我们的胃里的胃酸主要工作就是腐蚀食物，让身体吸收更多营养物质。

像肥皂、洗涤剂和发酵粉都是碱性的，溶于水后，用手去触碰还会有滑溜溜的感觉。

$$HCl + NaOH = NaCl + H_2O$$

酸碱中和反应指酸和碱互相交换成分，生成盐和水的反应，其中的 H^+（氢离子）和 OH^-（氢氧根离子）结合生成了水。

用肥皂洗头发时，肥皂中的碱会破坏头发中的蛋白质，使头发变硬。在水里滴些食醋，再用食醋水冲洗一下，头发就又会恢复柔顺。

懒惰的氦

大家好，我是氦。人们都说我很“懒”，其实我只是在元素家族中不太活泼而已。我常常在宇宙中活动。在地球的大气层中，我的浓度十分低。我主要存在于自然界中的天然气体或放射性矿石中。现在一起来好好了解我吧！

稀有气体（惰性气体）的化学性质非常稳定，一般不与其他元素发生化学反应。在常温常压下，这些气体都是无味、无色的单质。

我就是氦（He），是最不活泼的稀有气体元素之一，也就是以前人们所说的惰性气体。我在通常情况下为无色、无味，是唯一不能在标准大气压下固化的物质。

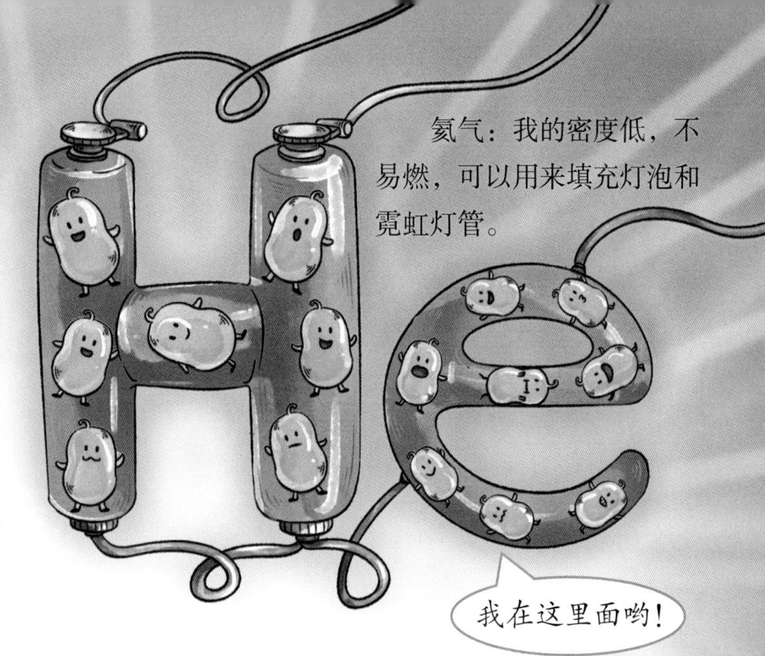

氦气：我的密度低，不易燃，可以用来填充灯泡和霓虹灯管。

氦气：我通电后，会发出橘红色的光。

氦气：虽然我很“懒”，但是我可以加到氧气中作为潜水员呼吸用的气体，我能防止潜水员在深水处发生深海麻痹现象。

氦常作为“保护气体”，可用于原子反应堆、激光器、火箭。

沙子制造的玻璃

沙子在山崖边住了好多年，她最大的梦想就是变美丽，每天可以迎接朝阳与落日。一天，她遇到了光滑明亮的玻璃小姐，羡慕地说："我多想成为你，看看你光滑的皮肤，在阳光下多么晶莹剔透。""我以前也是沙子，只是经过了很多复杂的加工才变成现在的模样，这个故事要从头讲起……"玻璃小姐娓娓道来。

硅（Si）的化学性质比较稳定，具有半导体性质。一般以二氧化硅的形式存在于岩石、沙砾和尘土中。

玻璃制作步骤

①把准备好的沙子、纯碱和石灰石倒入高温的加热炉中烧至熔化。

②沙子完全熔化成液体后，倒在铁板上稍微固定，再用另外一块铁板碾压。

《西游记》中的孙悟空为何不怕高温的八卦炉，还能在里面炼就一双火眼金睛？原来，八卦炉的最高温度在SiO_2的熔点之下，孙悟空原本是一只石猴，石头的主要成分中含有SiO_2，当然就烧不动它啦！并且SiO_2在高温下会发生变化，变成玻璃晶体，如此就练成了能看穿万物的火眼金睛，神奇吧？

玻璃主要是由硅酸钠（Na_2SiO_3）、硅酸钙（$CaSiO_3$）和二氧化硅（SiO_2）组成的。

③压实后，用喷火器对着固定好的玻璃液体进行煅烧。

④烧到一定程度后，放进冷水中进行降温，这样玻璃就制作完成了。

沙子和玻璃的主要成分都是二氧化硅（SiO_2），沙子的提炼过程就是使其分子结构发生变化。

$SiO_2 + CaCO_3 = CaSiO_3 + CO_2\uparrow$

二氧化硅 + 碳酸钙 ══ 硅酸钙 + 二氧化碳

$SiO_2 + Na_2CO_3 = Na_2SiO_3 + CO_2\uparrow$

二氧化硅 + 碳酸钠 ══ 硅酸钠 + 二氧化碳

脾气暴躁的碘

碘在固体状态下呈紫黑色，容易升华产生紫色的蒸气，看起来就像“生气”了一样。其实碘与人类的健康息息相关，是人体的必需微量元素之一，有“智力元素”之称。碘的作用可大了，常用于制成药物、染料、碘酒和试纸等。

碘与金属反应：$I_2 + 2Na == 2NaI$
碘＋钠 == 碘化钠
碘与非金属反应：$3I_2 + 2P == 2PI_3$
碘＋磷 == 三碘化磷
碘与水反应：$I_2+H_2O == HI+HIO$
碘＋水 == 碘化氢＋次碘酸

在米饭上滴入一些碘酒，米饭会变成蓝紫色，这是因为米饭中含有淀粉，并且淀粉会与碘酒中的碘发生化学反应，碘分子被包在了淀粉分子的螺旋结构中，这种新的物质显蓝紫色。

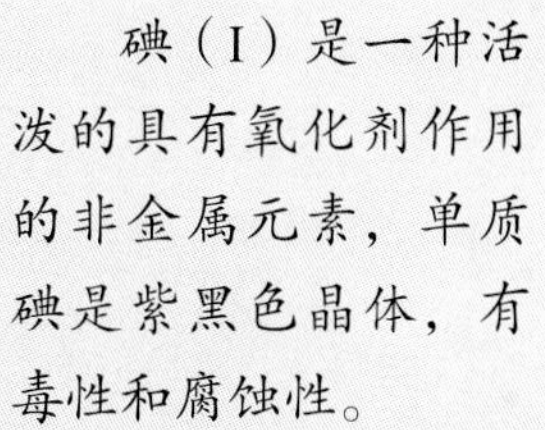

碘（I）是一种活泼的具有氧化剂作用的非金属元素，单质碘是紫黑色晶体，有毒性和腐蚀性。

当人体缺碘时就会患甲状腺肿大，多食海带、海鱼等含碘丰富的食品，对于防治甲状腺肿大也很有效。

宝贵元素——碳

你知道吗？人类和动物的身体都主要是由碳构成的。碳，其实是一种美丽、宝贵的元素，所有生命都离不开它。我们使用的木炭，它的主要成分就是碳，还包含其他物质，属于混合物。而碳代表的是一种化学元素，是一种纯净物。

碳的生物循环包括了碳在动植物及环境之间的迁移。

有机物：泛指碳氢化合物及其衍生物，除水和一些无机盐外，生物体的组成成分几乎全是有机物，如淀粉、蔗糖以及各种色素。

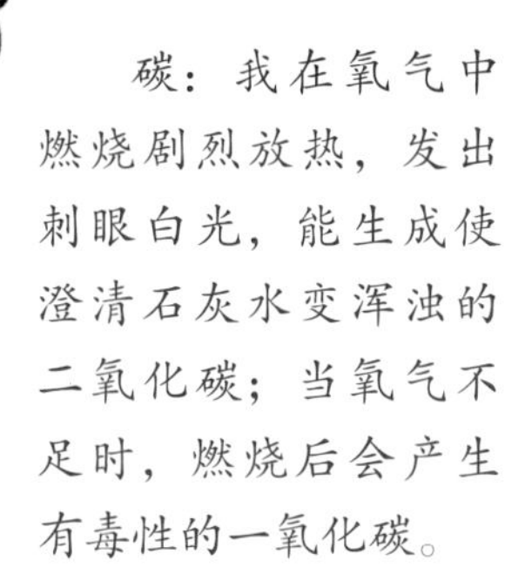

碳：我在氧气中燃烧剧烈放热，发出刺眼白光，能生成使澄清石灰水变浑浊的二氧化碳；当氧气不足时，燃烧后会产生有毒性的一氧化碳。

大气中的二氧化碳被植物吸收后，通过光合作用转变成有机物，然后通过生物呼吸作用和细菌分解作用又从有机物转换为二氧化碳而进入大气。

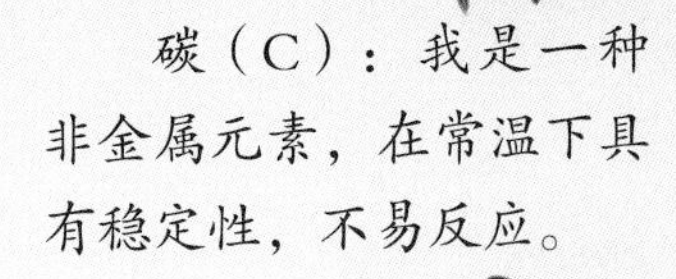

碳（C）：我是一种非金属元素，在常温下具有稳定性，不易反应。

请勿在封闭室内使用煤炭！

①氧气充足时，完全燃烧：$C+O_2 \xlongequal{\text{点燃}} CO_2$

碳＋氧气$\xlongequal{\text{点燃}}$二氧化碳

②氧气不足时，不完全燃烧：$2C+O_2 \xlongequal{\text{点燃}} 2CO$

碳＋氧气$\xlongequal{\text{点燃}}$一氧化碳

钻石是在地球内部深处高压、高温条件下形成的一种由碳元素组成的单质晶体，它的成分与我们常见的铅笔芯的成分基本相同，只是碳原子排列方式有差异。

塑料家族

我是塑料，属于高分子化合物大家族。我们家族的成员种类繁多，各有用处，为人类生活带来了便利的同时，却给环境留下了不小的伤害。希望人类用自己的智慧多创造出能与大自然和谐共处的塑料。今天我们家族的成员要大聚会，给大家介绍一下他们吧！

生物可降解塑料指的是既可被环境中的微生物所释放出的酶降解，也可在自然条件下发生天然降解反应的塑料。

可降解塑料的降解过程

我们塑料家族分为1至7不同的等级，每个编号背后代表着一种规格的塑料容器，下面为您介绍一下！

我是“01”号PET（聚对苯二甲酸乙二醇酯），我常被制成盛矿泉水、碳酸饮料等的塑料瓶，我很怕热，遇高温容易变形。

我是“02”号HDPE（高密度聚乙烯），我是清洁用品的塑料容器。

我是“03”号PVC（聚氯乙烯），我怕火，人类会把我做成雨衣和塑料膜等物品。

家族族会

我是“04”号 LDPE（低密度聚乙烯），我是食物的保鲜助手，常被做成保鲜膜，在温度过高时我会熔化，留下有害物质。

我是“05”号代表 PP（聚丙烯），我是唯一能放入微波炉中加热的塑料材质，可重复使用。

我是“06”号 PS（聚苯乙烯），我耐热抗寒，是碗装泡面盒和快餐盒的老搭档，但不能放入微波炉中使用，也不能盛装强酸强碱性的物质。

我是“07”号 Others（其他），我有很多好朋友，PC 类多用于制造奶瓶、太空杯等；PA 类多用于纤维纺织和一些家电产品内部制件。

地球保卫战

地球有一件非常薄的隐形外衣，它是地球的保护伞，叫臭氧层。靠它可以吸收大部分太阳紫外线，从而保护地球上生物的安全。可是现在，它破了一个很大的洞，不仅损害了地球的健康，还威胁到了人类的生命安全。希望我们从现在开始，减少氟氯烃类物质的使用，加强环保意识，一起努力修复好这件外衣。

臭氧（O_3）是氧气（O_2）的堂兄弟，它们都是由氧元素组成的单质，只是因为它们的分子结构不同而具有不同性质。

氟利昂是非常厉害的温室气体，它产生的温室效应是二氧化碳的 3400~15000 倍，严重威胁地球的生态安全。

最爱臭氧

紫外线

氟利昂会在强烈紫外线的作用下被分解出氯原子等自由基，它会从臭氧中拉拢一个氧原子，把它和另一个落单的氧原子撮合在一起，变成氧气，之后再变回自身的氯原子。如此周而复始，氟利昂中的一个氯原子就能破坏多达 10 万个臭氧分子，导致臭氧空洞。

我们是臭氧三兄弟！
我们是氧气兄弟！
臭氧（O_3）是淡蓝色气体，液态为深蓝色，固态为紫黑色。可用于强氧化剂、消毒杀菌剂和饮用水的消毒脱臭等。
我的衣服好烫啊！
Cl
ClO+O
氯催化
循环
Cl+O_3
臭氧层
被破坏
Cl
① $Cl+O_3 = O_2+ClO$
氯原子＋臭氧 ══ 氧气＋一氧化氯
② $ClO+O = O_2+Cl$
一氧化氯＋氧原子 ══ 氧气＋氯原子
酸雨是因为向大气中排放大量酸性气体所造成的降水。它会腐蚀建筑物、损坏植物，使湖泊中鱼虾死亡，严重损害地球的健康。

图书在版编目（CIP）数据

漫画化学 / 肖傲编著 . -- 长春 : 吉林出版集团股份有限公司 , 2023.10
（我的第一套理科启蒙书）
ISBN 978-7-5731-4398-3

Ⅰ . ①漫… Ⅱ . ①肖… Ⅲ . ①化学 - 青少年读物 Ⅳ . ① O6-49

中国国家版本馆 CIP 数据核字 (2023) 第 201248 号

肖傲　编著

吉林出版集团股份有限公司
全国百佳图书出版单位

前言

这是一套带领孩子们探索数学、物理、化学和生物学奥秘的启蒙书。它由浅入深，从基本的数理化概念到高深的科学原理，从简单的生物现象到复杂的生物系统，全面丰富的内容将引领孩子们进入一个神奇的科学世界！

我们将从数学开始，引导孩子们解开古老的数学谜题，从基础算术到几何和代数，让孩子们在故事中愉快地学习。物理和化学将带领孩子们探讨物质变化的原理，让他们惊叹于自然的神奇和科技的力量，同时掌握基本原理。通过学习生物学，孩子们将了解生命科学，探索我们周围世界的多样性。

让我们一起开始这段奇妙的旅程，探索数学、物理、化学和生物学的奥秘吧！

目录

人体中央处理器——大脑

我们有喜怒哀乐的情绪变化，能感受物体的冷热、软硬，能欣赏音乐，能记住课本上的知识……这些都与我们的大脑息息相关。大脑就像豆腐一样柔软，但是它的功能可强大了。人的大脑是什么样子的？让我们一起去脑博士课堂听课吧！

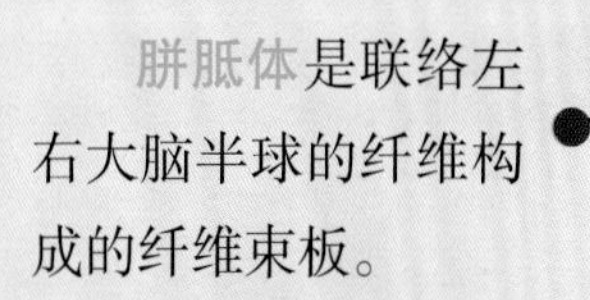

胼胝体是联络左右大脑半球的纤维构成的纤维束板。

垂体是人体最重要的内分泌腺，主要功能是调节和控制其他内分泌腺体的功能和激素的合成分泌。

大脑主要包括左、右大脑半球，是中枢神经中最大和最复杂的结构，是调节机体功能的器官。

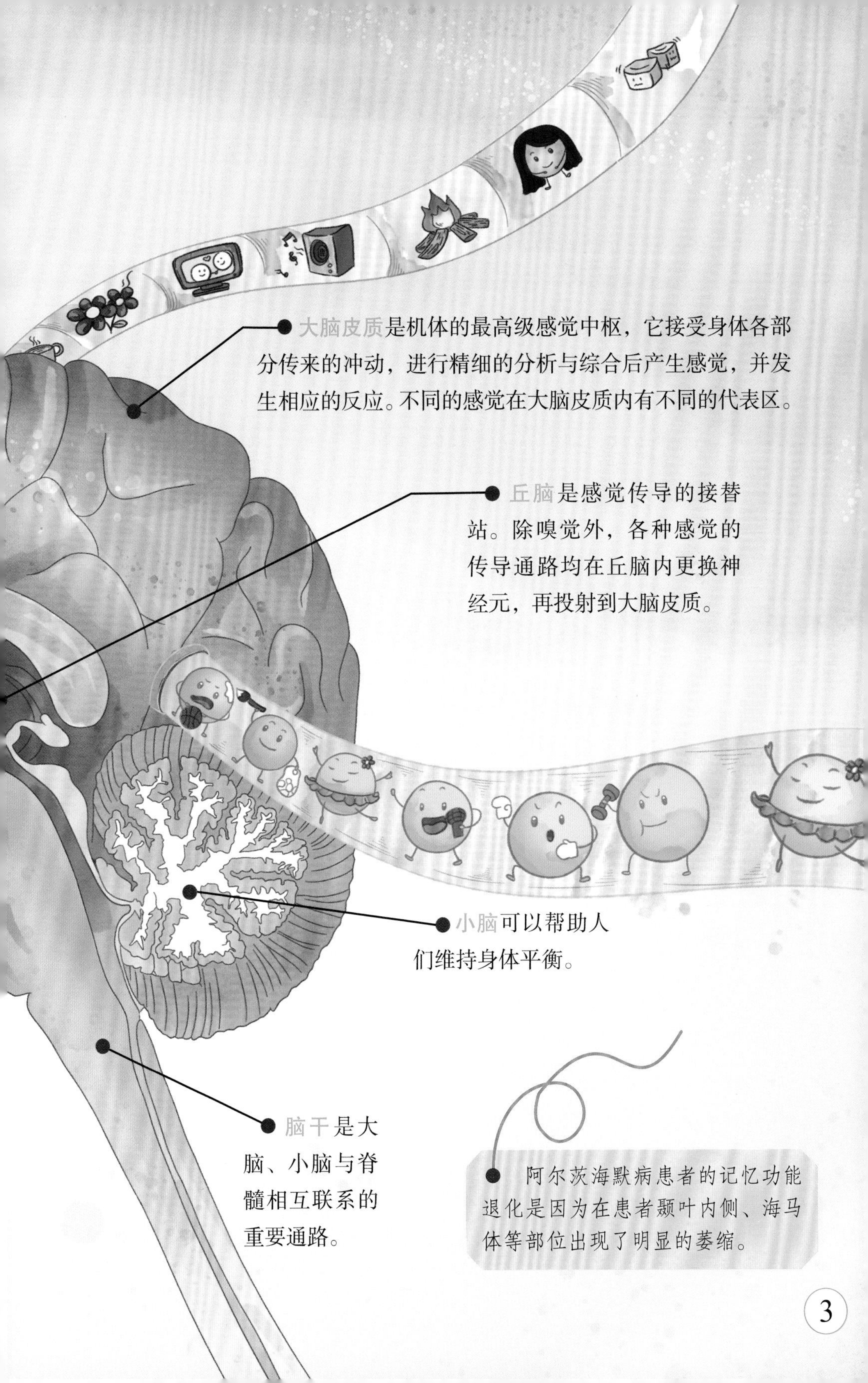

大脑皮质是机体的最高级感觉中枢，它接受身体各部分传来的冲动，进行精细的分析与综合后产生感觉，并发生相应的反应。不同的感觉在大脑皮质内有不同的代表区。

丘脑是感觉传导的接替站。除嗅觉外，各种感觉的传导通路均在丘脑内更换神经元，再投射到大脑皮质。

小脑可以帮助人们维持身体平衡。

脑干是大脑、小脑与脊髓相互联系的重要通路。

阿尔茨海默病患者的记忆功能退化是因为在患者颞叶内侧、海马体等部位出现了明显的萎缩。

超级相机——眼睛

眼睛就像一台神奇的照相机，可以捕获周围的光线，让我们能看清远处开来的汽车，让我们能阅读有趣的故事书，让我们能观看情节生动的动画片。那么，眼睛为什么能让我们看到这些呢？从人到动物，眼睛的结构都十分相似，光进入瞳孔，然后在视网膜表面聚焦。

人眼能够看到物体，是因为物体反射来的光线进入眼睛，经过角膜、瞳孔、晶状体、玻璃体，通过晶状体等的折射，落在我们的视网膜上形成了一个完整的物像。

虹膜相当于相机光圈的叶片，可以控制进入眼球内光线的数量。

角膜类似于照相机的镜头，帮助眼睛聚焦光线。

瞳孔相当于照相机的光圈，光线强时瞳孔缩小，光线弱时瞳孔放大。

巩膜

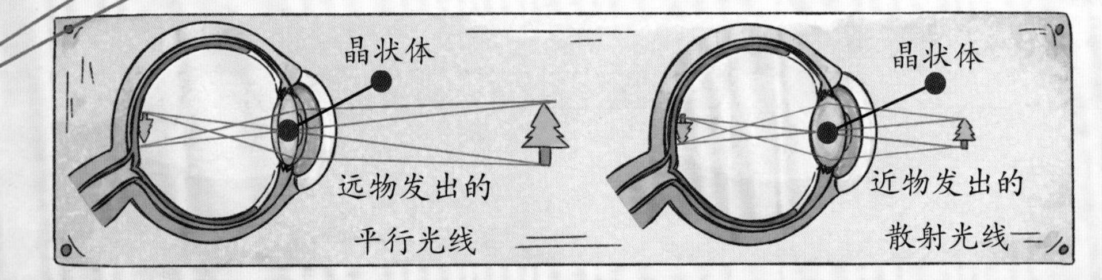

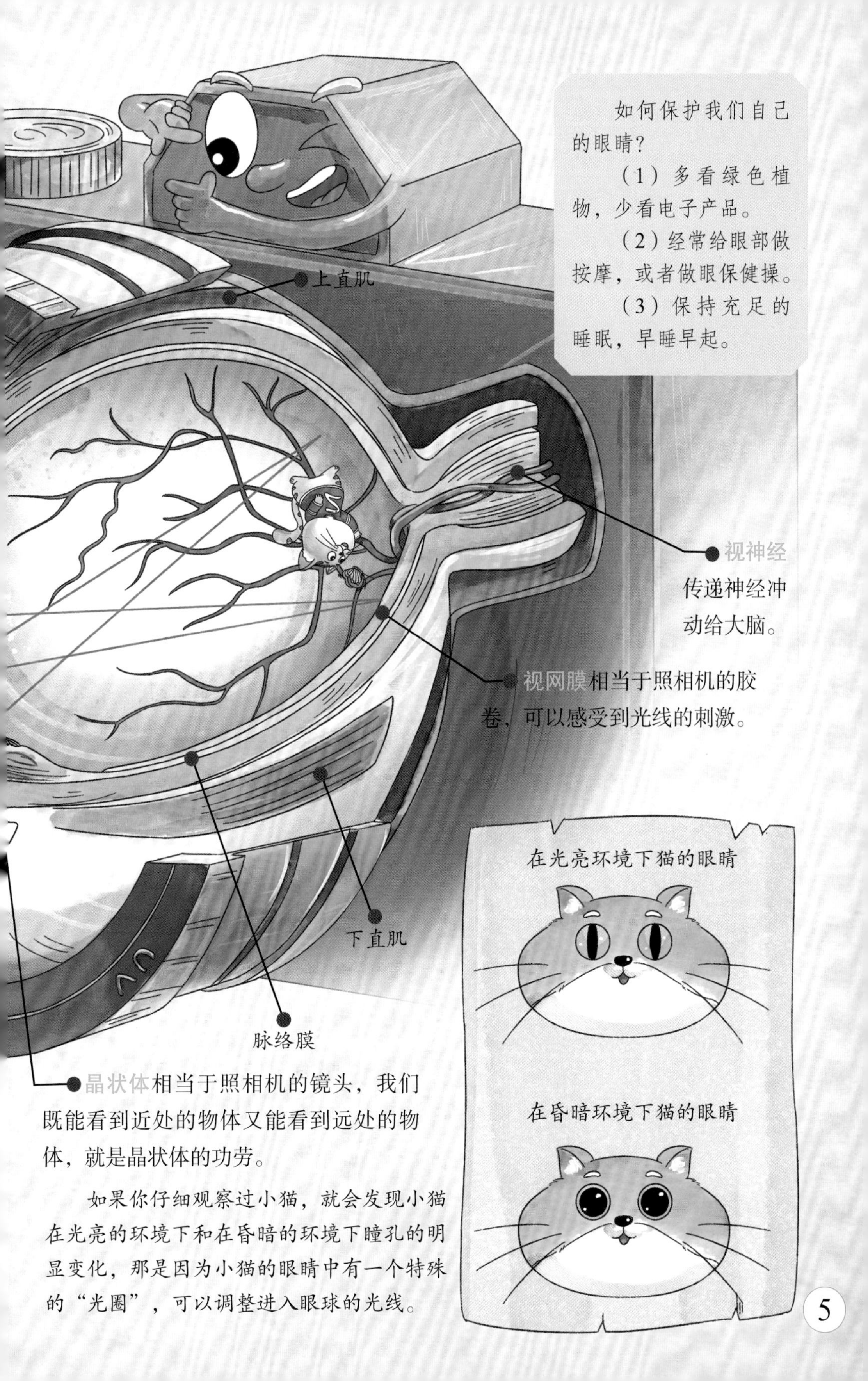

如何保护我们自己的眼睛？

（1）多看绿色植物，少看电子产品。

（2）经常给眼部做按摩，或者做眼保健操。

（3）保持充足的睡眠，早睡早起。

晶状体相当于照相机的镜头，我们既能看到近处的物体又能看到远处的物体，就是晶状体的功劳。

如果你仔细观察过小猫，就会发现小猫在光亮的环境下和在昏暗的环境下瞳孔的明显变化，那是因为小猫的眼睛中有一个特殊的“光圈”，可以调整进入眼球的光线。

声音探测器——耳朵

当主人沉睡的时候，眼睛、鼻子、耳朵开起了讨论会，它们都说耳朵最轻松，站在那里不动，啥也不用干。耳朵说：“你们真不了解我，我不仅可以替主人听各种声音，还可以帮助主人保持平衡呢！”“你还有这样的作用呀？”眼睛说。耳朵神气地回答道：“说再多你们也不相信，还是跟我一起来看看吧！”

人耳可分为外耳、中耳和内耳。外耳包括耳廓和耳道，中耳有鼓膜、鼓室、听小骨、咽鼓管等，内耳有耳蜗、前庭、半规管。

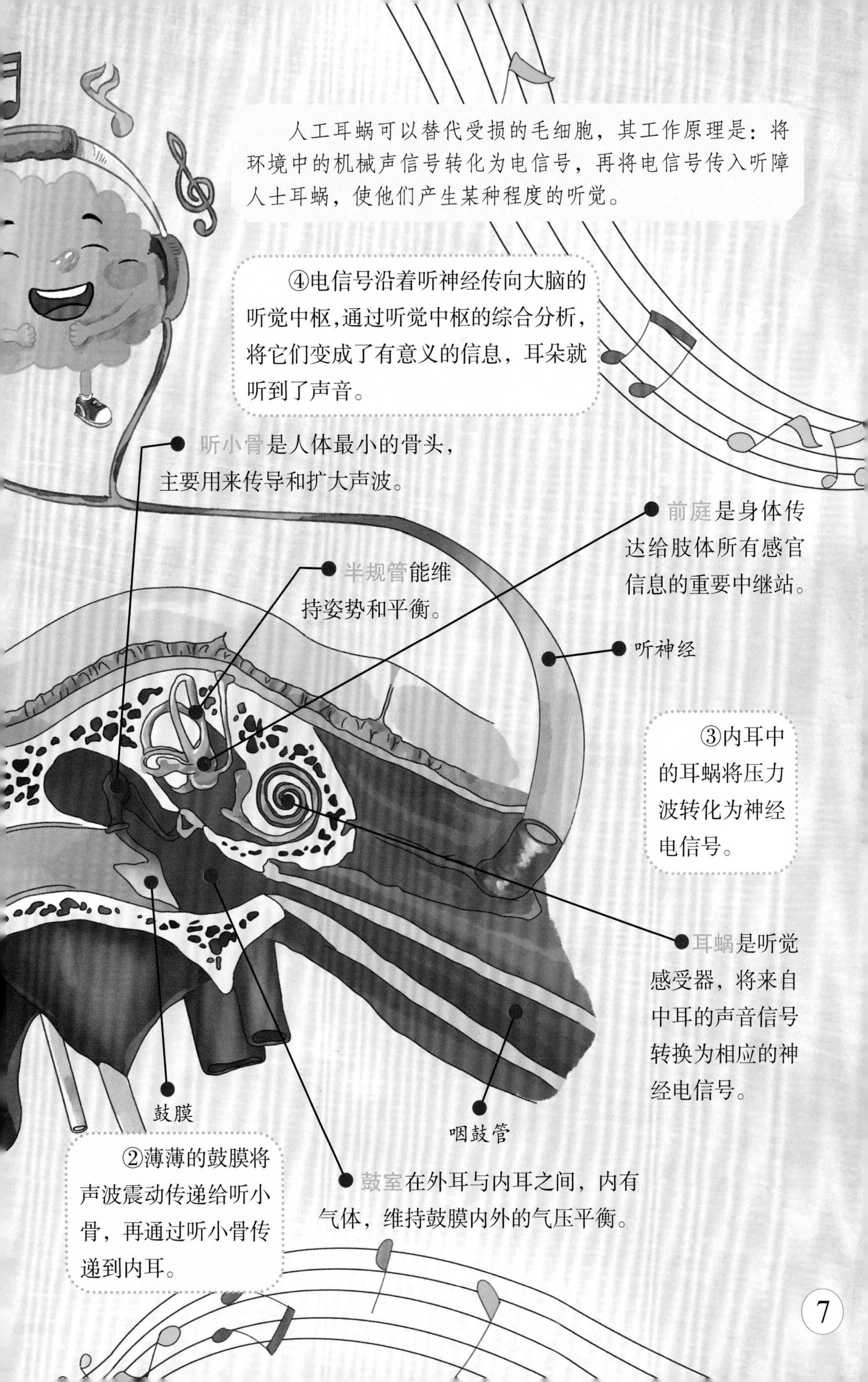
人工耳蜗可以替代受损的毛细胞，其工作原理是：将环境中的机械声信号转化为电信号，再将电信号传入听障人士耳蜗，使他们产生某种程度的听觉。
④电信号沿着听神经传向大脑的听觉中枢，通过听觉中枢的综合分析，将它们变成了有意义的信息，耳朵就听到了声音。
听小骨是人体最小的骨头，主要用来传导和扩大声波。
前庭是身体传达给肢体所有感官信息的重要中继站。
半规管能维持姿势和平衡。
听神经
③内耳中的耳蜗将压力波转化为神经电信号。
耳蜗是听觉感受器，将来自中耳的声音信号转换为相应的神经电信号。
鼓膜
咽鼓管
②薄薄的鼓膜将声波震动传递给听小骨，再通过听小骨传递到内耳。
鼓室在外耳与内耳之间，内有气体，维持鼓膜内外的气压平衡。

血液宝宝历险记

血液宝宝们今天约好了一起去历险，它们在数百万亿条血管中穿梭，同时帮助血管将氧气和营养物质输送到身体的各个部位。这个运输队伍叫作循环系统，心脏是循环系统的中心，可以通过挤压将血液送到肺部，在肺部收集氧气后，再送回身体的各个部位。

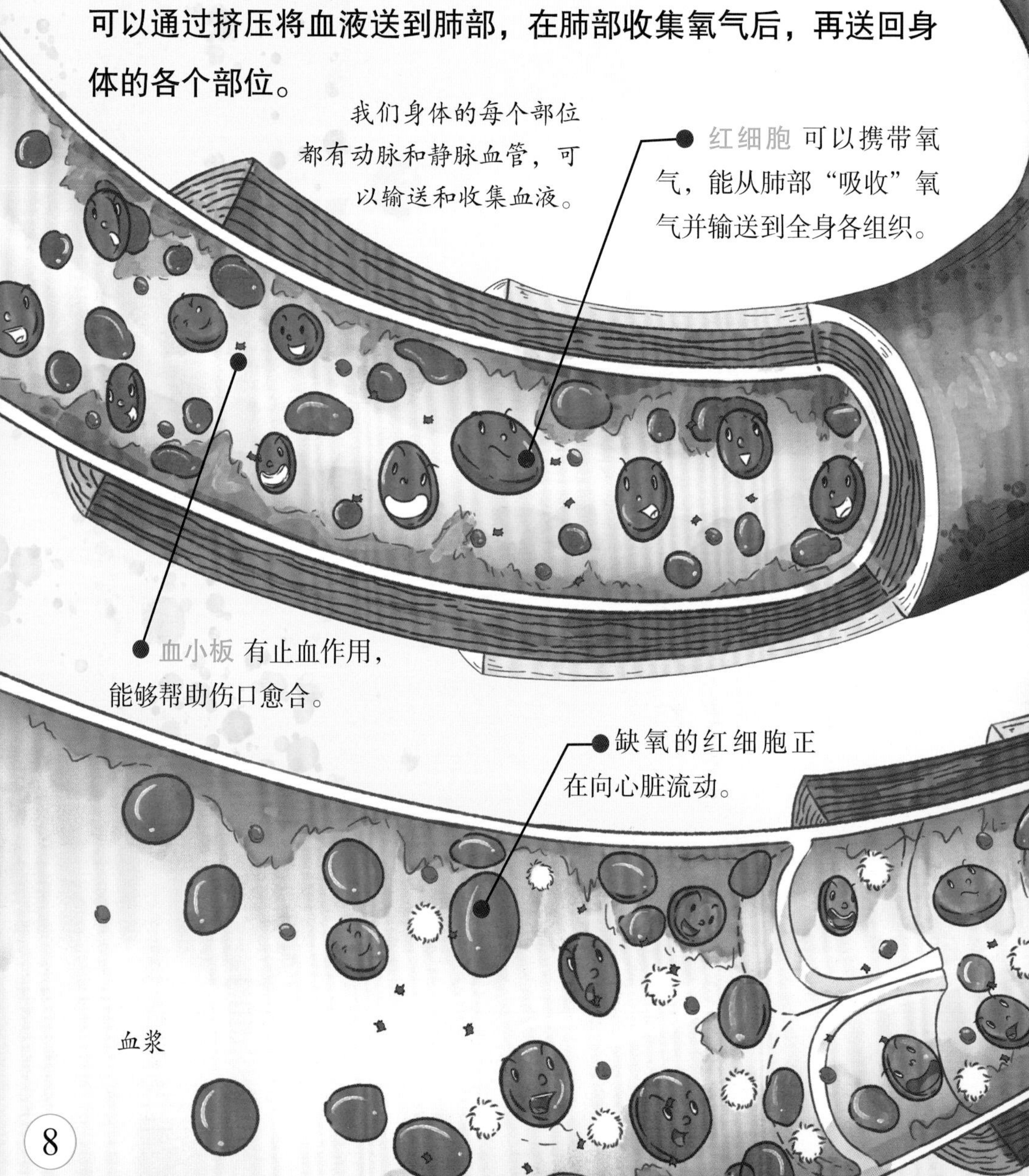

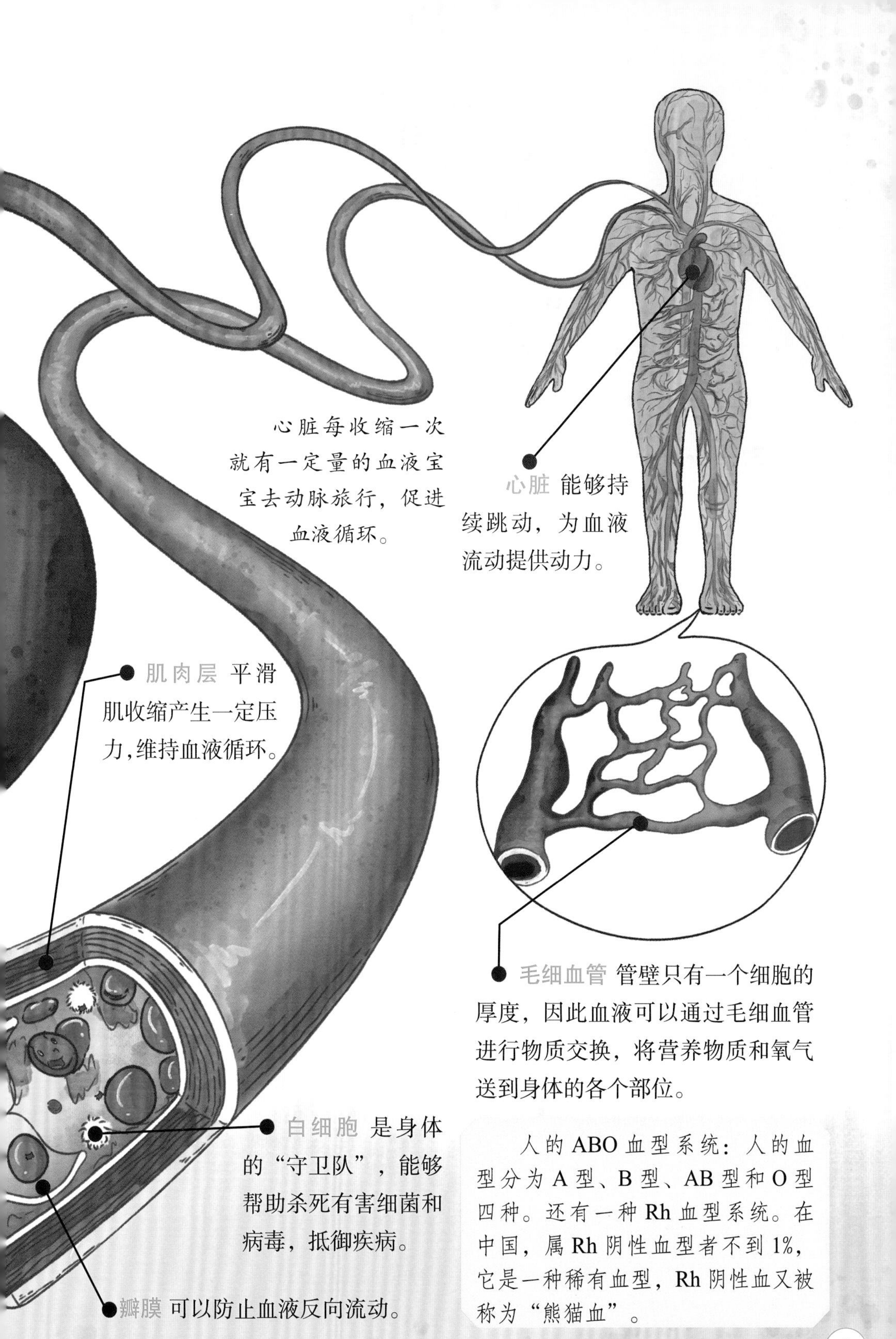

人的 ABO 血型系统：人的血型分为 A 型、B 型、AB 型和 O 型四种。还有一种 Rh 血型系统。在中国，属 Rh 阴性血型者不到 1%，它是一种稀有血型，Rh 阴性血又被称为“熊猫血”。

远程控制——神经系统

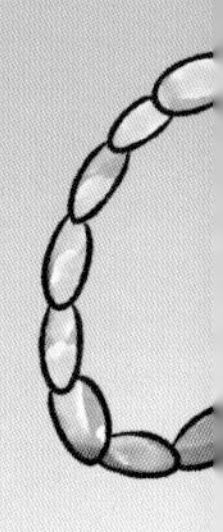

人能够感受疼痛，感知食物的不同味道，闻到不同的气味，都是神经系统的功劳。当我们用耳朵、眼睛、鼻子、嘴巴、皮肤去获取外界信息的时候，它们会将收集到的信息传递给大脑，让我们的身体做出正确的反应。

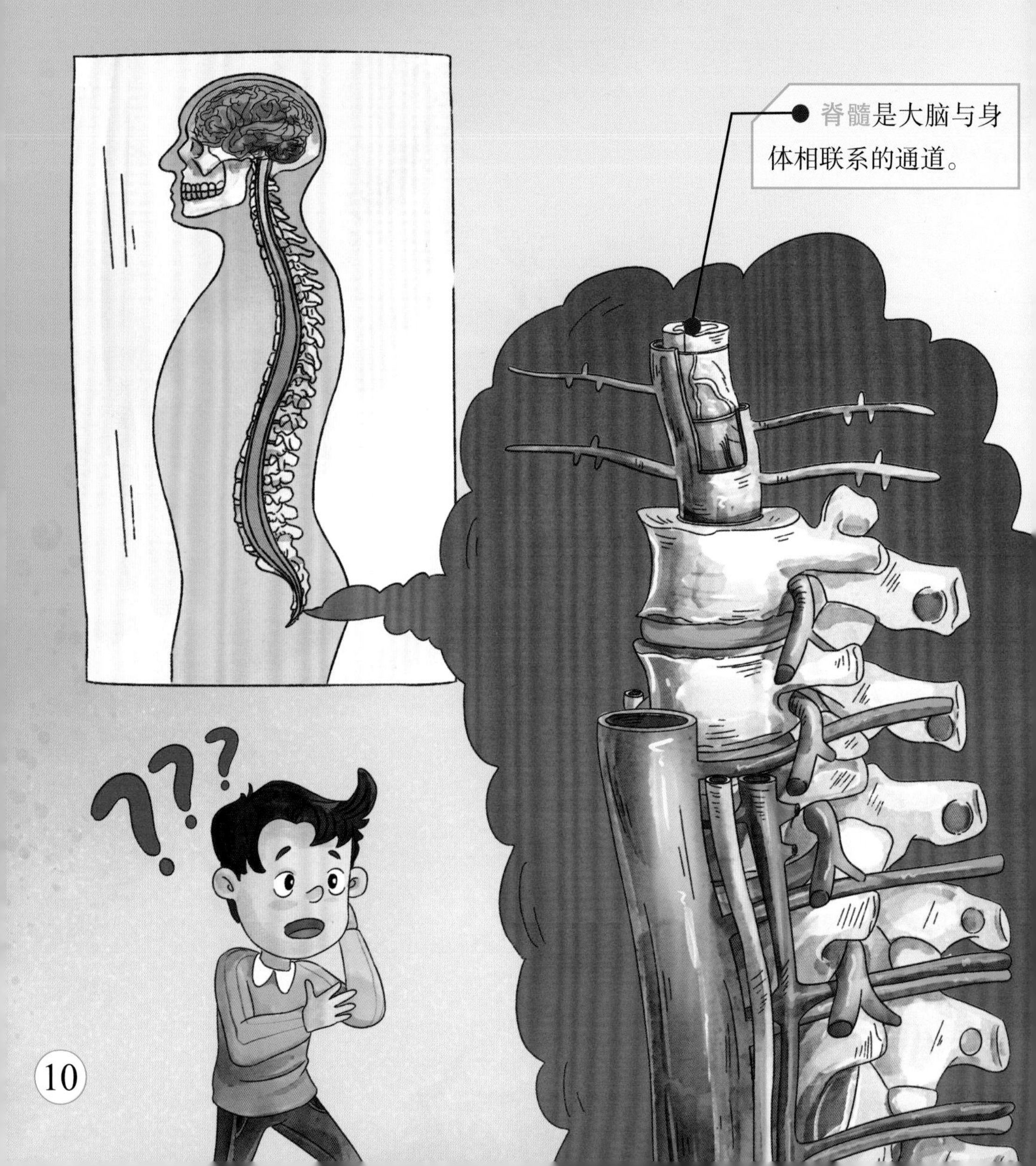

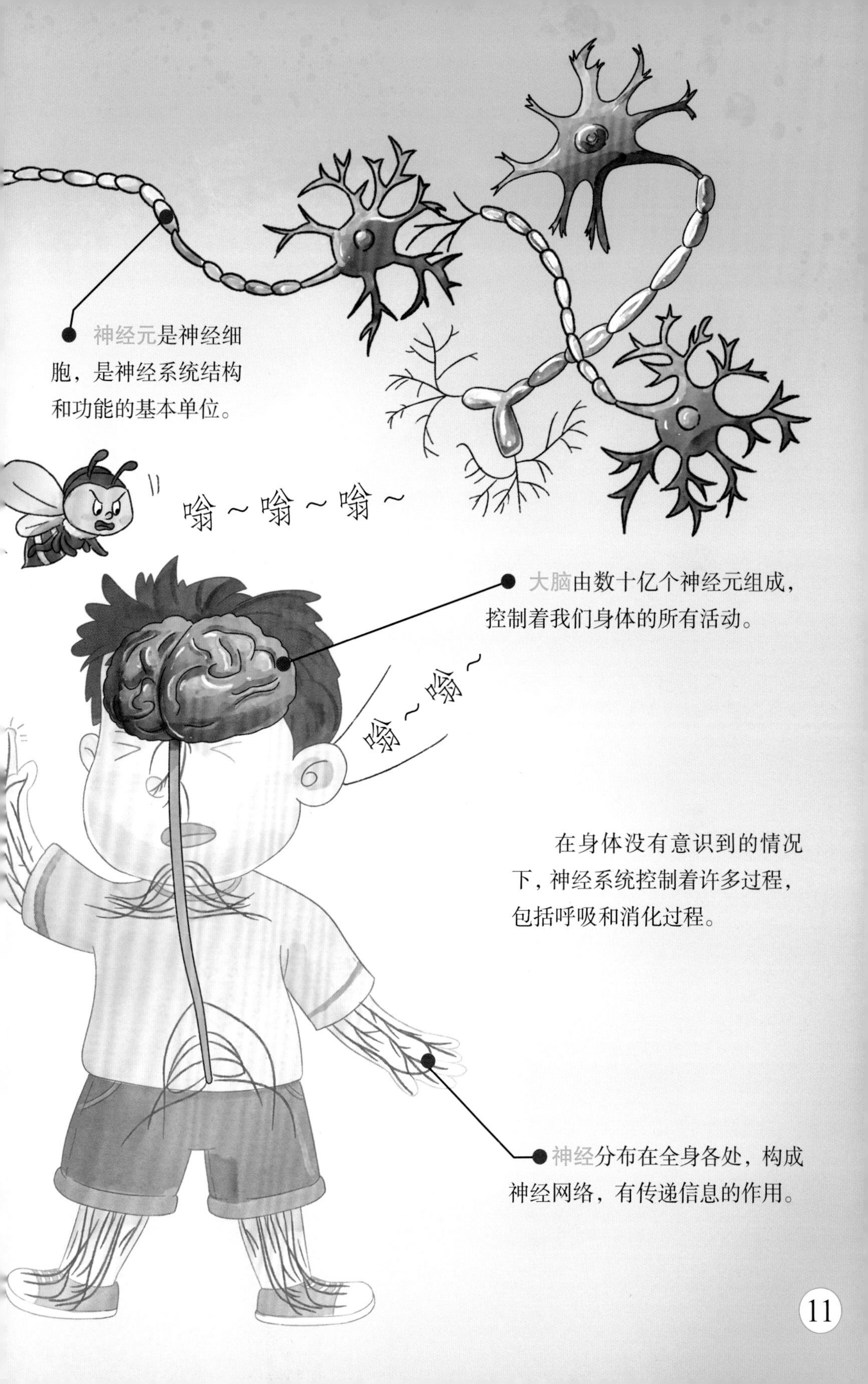

在身体没有意识到的情况下，神经系统控制着许多过程，包括呼吸和消化过程。

交换商店——肺

我是氧气，我无处不在，默默无闻地为大家提供服务。今天我们要去肺姐姐的游乐园工作，它是勤劳的“呼吸官”，它需要借助肌肉的力量才能完成呼气和吸气的过程。开始吸气了，就是现在，我要进去咯！跟紧我，别掉队！

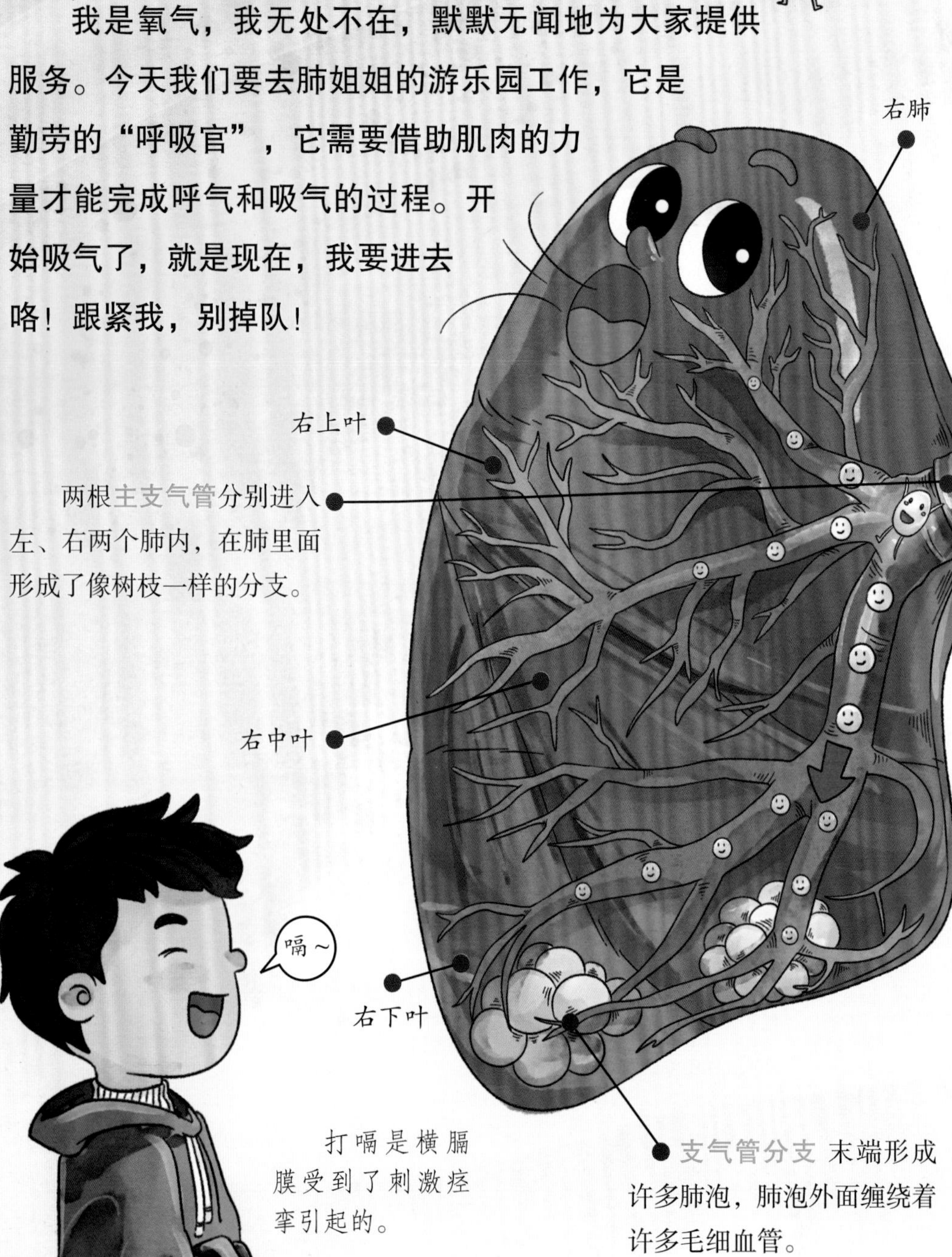

两根主支气管分别进入左、右两个肺内，在肺里面形成了像树枝一样的分支。

支气管分支 末端形成许多肺泡，肺泡外面缠绕着许多毛细血管。

打嗝是横膈膜受到了刺激痉挛引起的。

气管 是气体的出入口，我从这里进入，二氧化碳兄弟会从这里出去。

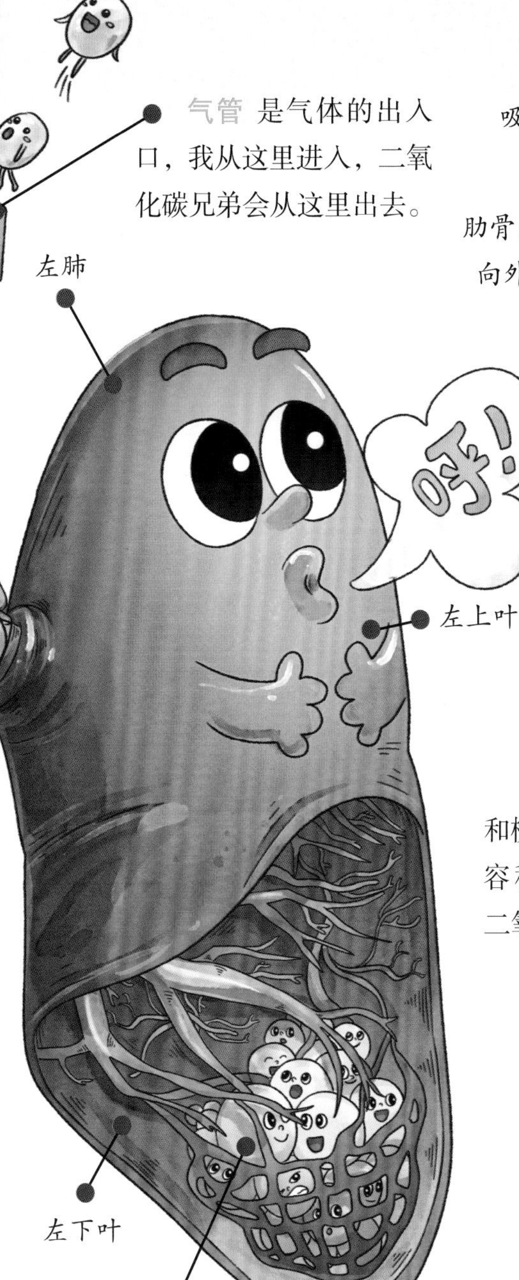

肺泡 壁很薄，它与毛细血管壁紧贴在一起，是我与二氧化碳兄弟进行交换的场所。

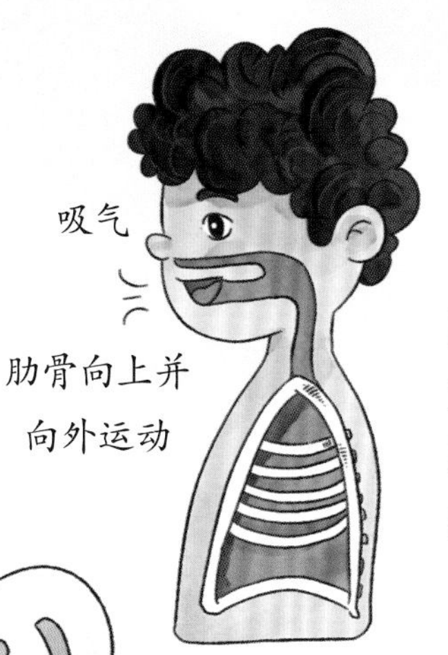

吸气时肋间外肌收缩，使胸廓上升，同时横膈变平，胸腔的容积变大，肺部膨胀。

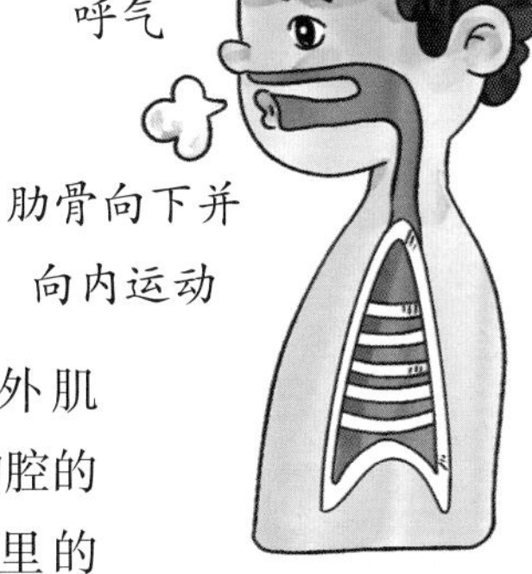

呼气时肋间外肌和横膈膜放松，胸腔的容积变小，肺泡里的二氧化碳被排出体外。

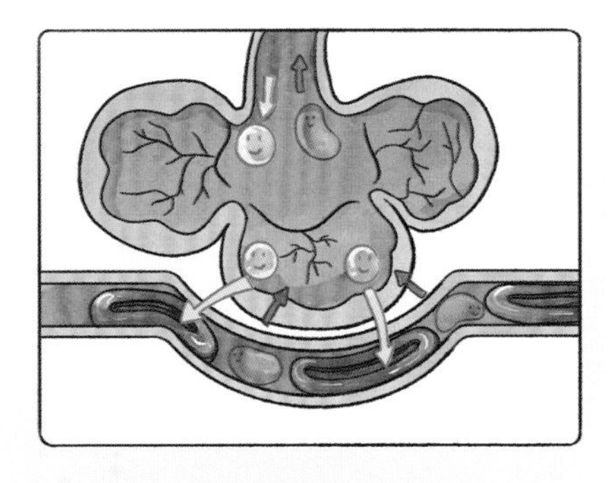

我们顺着气管走到支气管分支的末端，在那里有许多肺泡，我们从肺泡中进入血液，同时，血液中的二氧化碳兄弟进入肺泡，然后随着呼气的过程排出体外。

食品加工厂——消化系统

人体的消化系统就像一个食品加工厂，食物在口腔内经过牙齿的咀嚼、舌的搅拌，然后顺着食管进入胃里。胃把它们变成“泥”后运给小肠，在小肠内消化后，小肠绒毛不断吸收其中的营养成分，让营养成分通过小肠内壁进入血液，为人体的组织细胞利用。

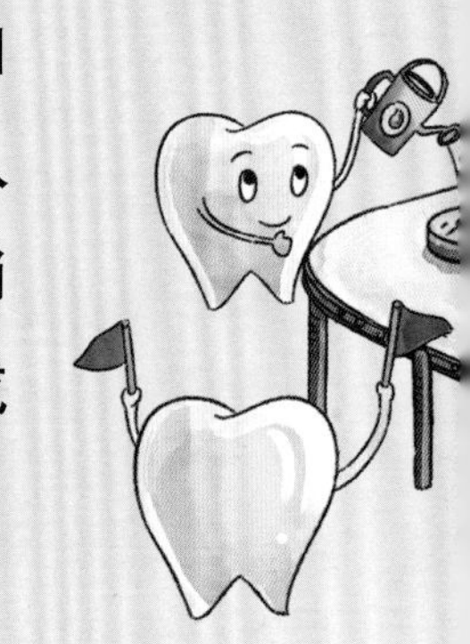

胃有弹性，在饿的时候它会变小，吃完东西之后它会被撑大。吃过饭后3~6小时，胃里的食物就消化得差不多了。

食管 是一个有黏膜层的“运输管道”，连接着咽部和胃。

胃 是由肌肉纤维构成的“袋子”，胃腺分泌的胃液具有较强的酸性，有助于食物的消化。

小肠 会让食物在其中停留大约5个小时，小肠黏膜表面有许多环状皱襞，皱襞上有许多小肠绒毛，大大增加了小肠消化和吸收的面积。

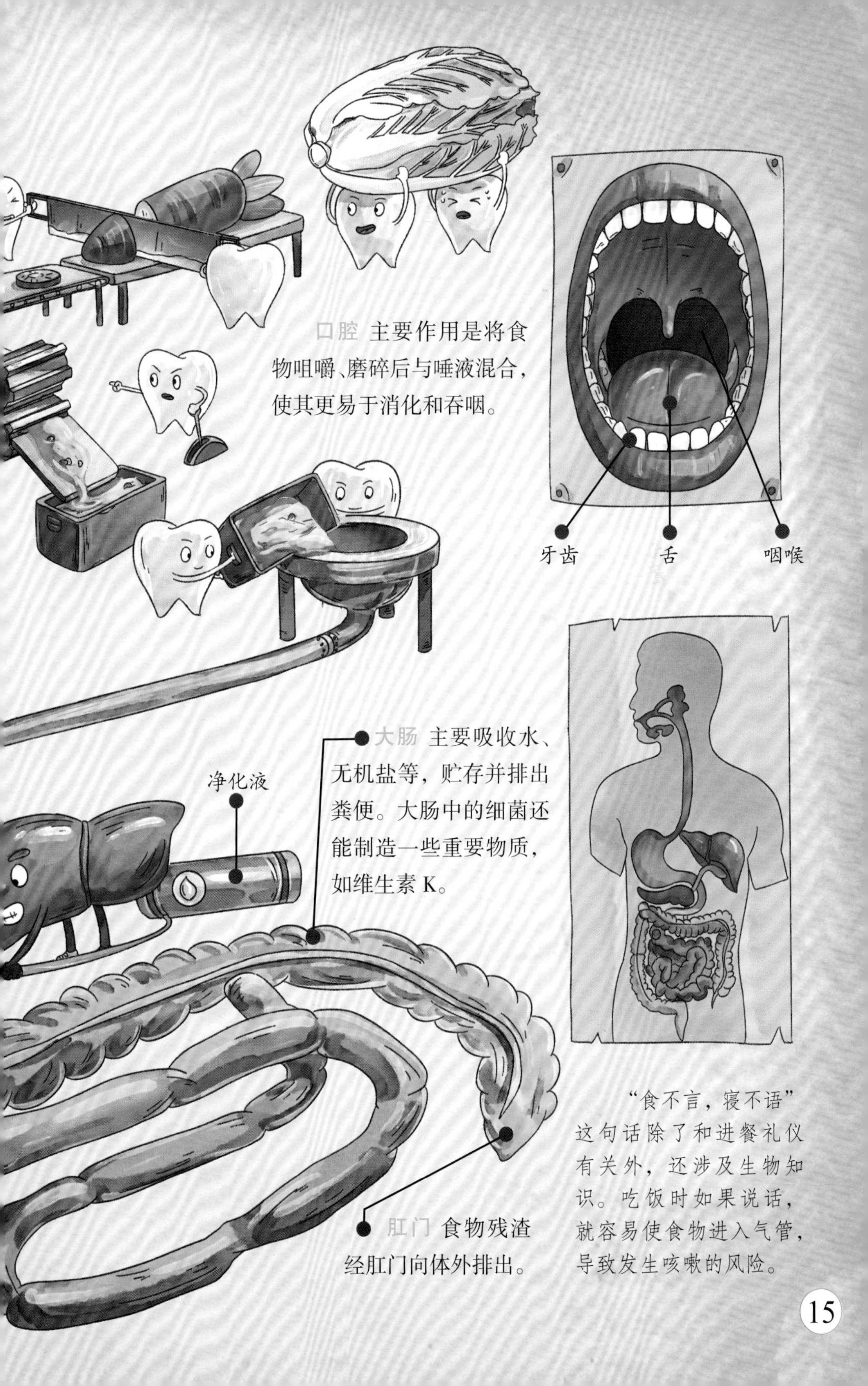
口腔 主要作用是将食物咀嚼、磨碎后与唾液混合，使其更易于消化和吞咽。
牙齿
舌
咽喉
大肠 主要吸收水、无机盐等，贮存并排出粪便。大肠中的细菌还能制造一些重要物质，如维生素 K。
净化液
肛门 食物残渣经肛门向体外排出。
“食不言，寝不语”这句话除了和进餐礼仪有关外，还涉及生物知识。吃饭时如果说话，就容易使食物进入气管，导致发生咳嗽的风险。

身体里的守卫者

免疫系统就像身体的防卫部队，它们设有三道防线来抵御外来的细菌、病毒和其他有害物质的侵袭。它们还能清除体内衰老、突变、恶化和死亡的细胞。当我们感冒的时候，可怕的病毒会不断地侵入我们的身体。让我们一起来看看免疫系统是如何抵抗病毒的吧！

胸腺、淋巴结和脾等是人体的免疫器官，主要功能是使免疫活性细胞产生、增殖、分化以及成熟，对外周淋巴器官发育和全身免疫功能起调节作用。

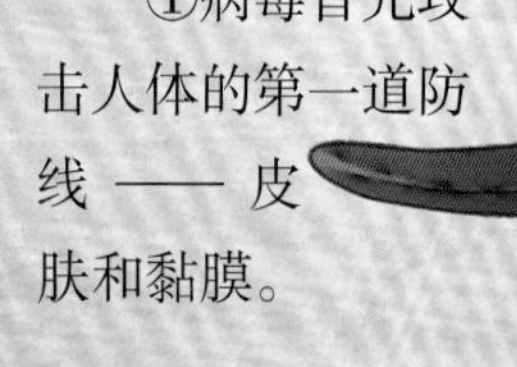

①病毒首先攻击人体的第一道防线——皮肤和黏膜。

皮肤是由表皮和真皮组成的“防护服”，可以防止外界环境中的病菌等的侵入，其分泌物还有杀菌作用。

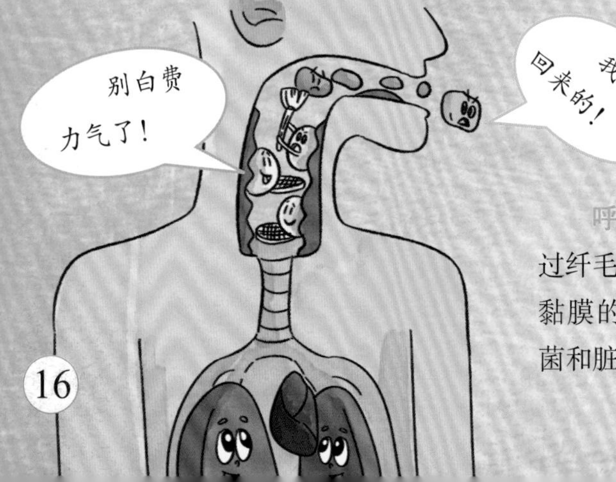

呼吸道黏膜上长满了纤毛，通过纤毛不断摆动清除异物，呼吸道黏膜的分泌物黏液也可以吸附细菌和脏物并把它们“赶出”体外。

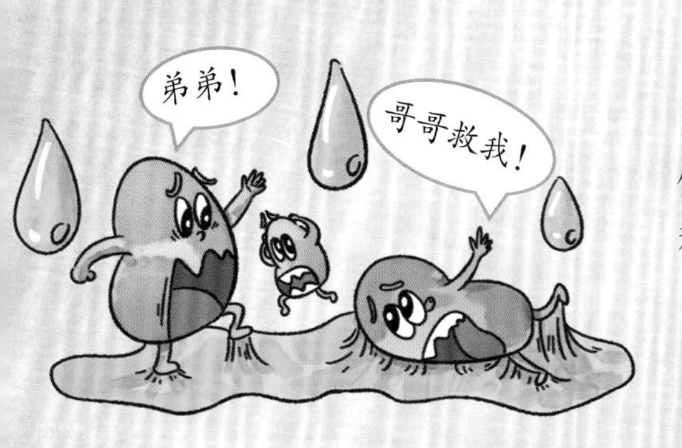

②当病毒侵入我们身体内部时，人体的第二道防线——体液中的杀菌物质和吞噬细胞，就会进行反抗。

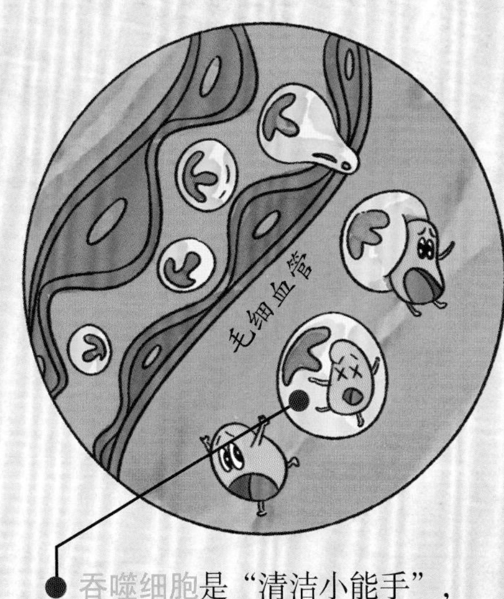

溶菌酶存在于人体的泪液、唾液、血浆等体液中，能够破坏细菌的细胞壁，使细菌溶解、坏死，也可使病毒失活。

吞噬细胞是“清洁小能手”，可以包围细菌、衰老的细胞等，将它们消化、分解。

③如果病毒闯过了前两道防线，它们会遇到由免疫器官和免疫细胞组成的人体的第三道防线。

当病毒侵入人体后，拥有特异性“识别”能力的淋巴细胞，可以根据不同的病毒产生一种抵抗该病毒的特殊蛋白质——抗体。当同样的病毒再次侵入人体时，抗体会快速将该病毒清除。

提高免疫力可以增强我们的身体素质，但是免疫力并不是越强越好。当人体免疫功能过强时，进入人体内的某些食物和药物会引起过敏反应。

最棒的我们

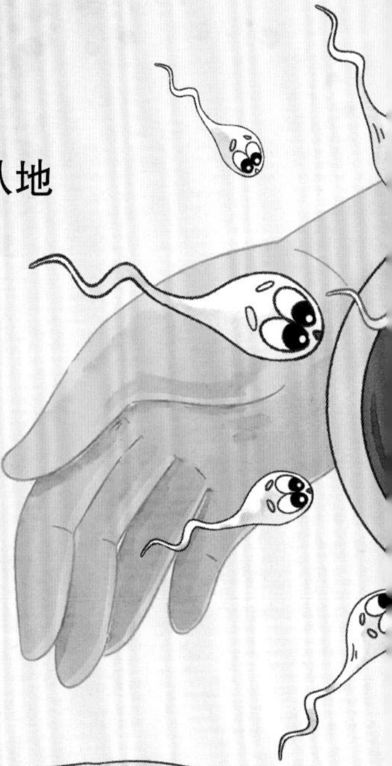

我们是像蝌蚪一样的小精子，我们成群结队地在妈妈身体中找寻卵细胞。我们要突破重重障碍，经历严峻的考验，只有游得最快的那个小精子才能取得胜利。终于，游得最快的那个小精子成功了，卵细胞紧紧地将他拥抱在怀里形成了一颗受精卵，这便是最初的你。

像人类、老虎、大象、小狗等这类在母体子宫内孕育，出生后用母体分泌的乳汁喂养长大的动物叫哺乳动物。

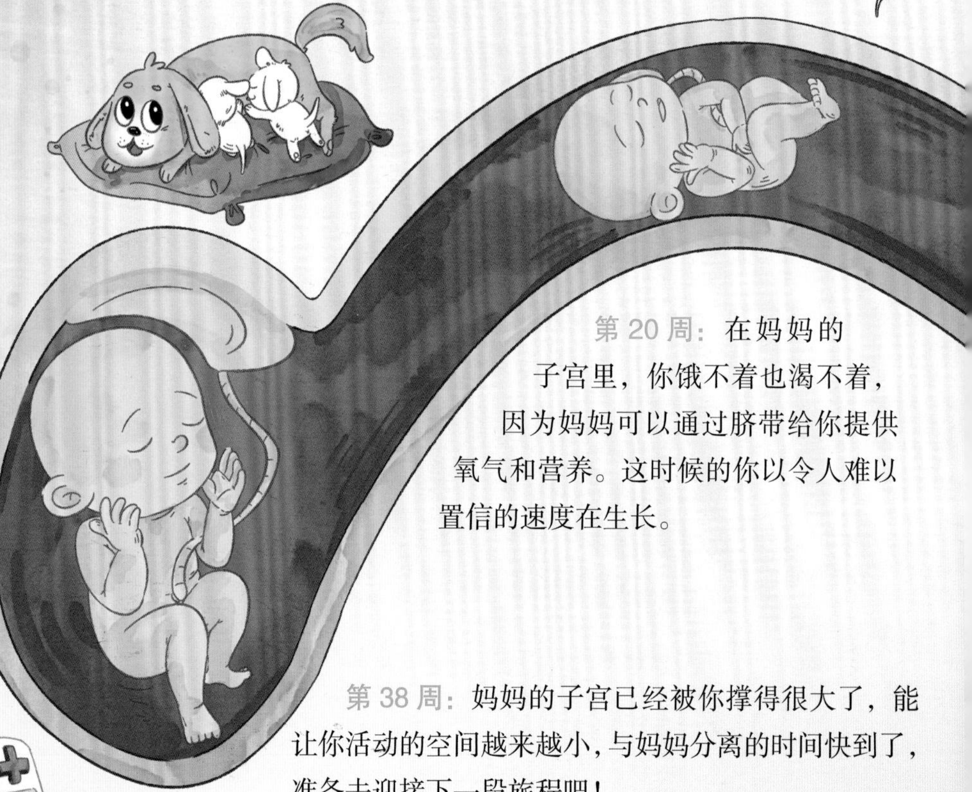

第 20 周：在妈妈的子宫里，你饿不着也渴不着，因为妈妈可以通过脐带给你提供氧气和营养。这时候的你以令人难以置信的速度在生长。

第 38 周：妈妈的子宫已经被你撑得很大了，能让你活动的空间越来越小，与妈妈分离的时间快到了，准备去迎接下一段旅程吧！

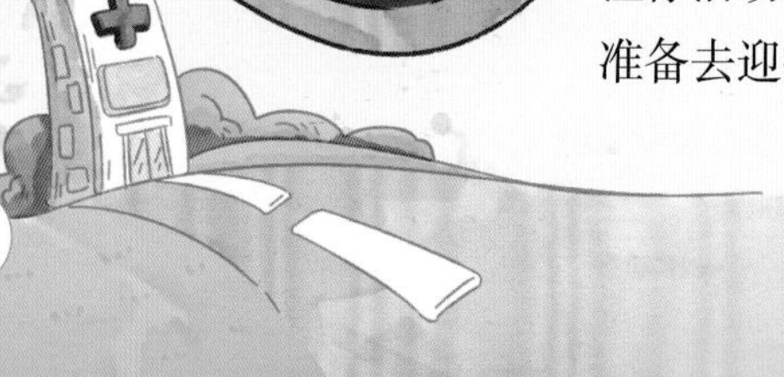

第 5 周：受精卵已经开始转变成胚胎，大小就像一粒苹果籽一样，外观像个小海马，这时候还不能叫胎儿，只能称为胚胎或者胎芽。

第 8 周：胚胎已有胎心，各种器官开始发育，手指和脚趾开始逐渐成形，透过薄薄的皮肤可以看到血管，眼睛大得像个外星人一样。这时候你已经有了人的模样。

第 11 周：这时你可以吮吸、吞咽、踢腿，毕竟此时子宫内空间足够大，想怎么动都可以，甚至还能在里面游泳。

海马妈妈把卵产在海马爸爸腹部的育儿袋中，海马宝宝会从海马爸爸的育儿袋中生出。

不可思议的动物细胞

动物的身体就像一座城堡，城堡里住着很多小细胞。它们各司其职，有条不紊地生活工作，平凡地度过自己的一生。人体或动物体内的各种细胞虽然形态不同，但基本结构却是一样的。

核膜

人体内的细胞自然老化死亡后，会通过身体的新陈代谢排出体外。新陈代谢是人体与外界环境之间的物质和能量的交换，以及人体内物质和能量的转变过程。

细胞膜是将细胞内部与外界环境分开的一层薄膜。它既不让有用物质轻易地渗出细胞，又可以防止有害物质进入细胞内。

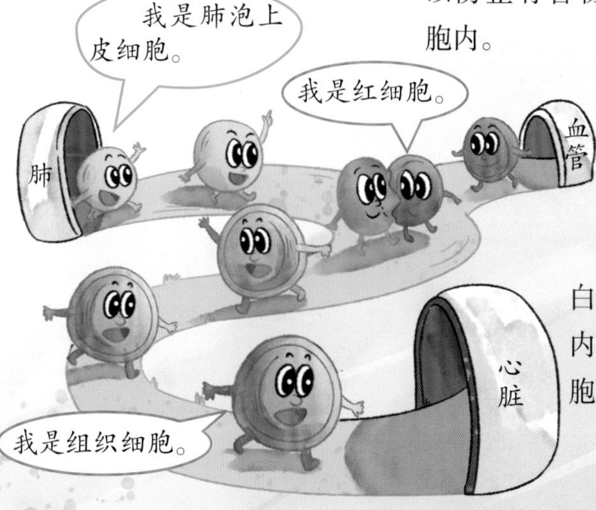

核糖体是合成蛋白质的场所，附着在内质网上或游离于细胞质基质中。

人体内数目最多的细胞是血液里的红细胞。红细胞每 3 ~ 4 个月就会更新一遍。红细胞在人体中发挥着重要的运输作用，与氧气结合以后，随血液循环把氧气运送到人体各处的组织细胞，供细胞生命活动利用，同时又能把组织器官代谢产生的二氧化碳运输到肺部排出体外。

细胞核是细胞的控制中心，在细胞的代谢、生长和分化过程中起着重要作用，是遗传物质的主要存在场所。
内质网与细胞膜及核膜相连通，对细胞内蛋白质和脂质等物质的合成和运输起着重要作用。
核仁
细胞质是细胞膜以内、细胞核以外的像果冻一样半透明黏稠的物质。
高尔基体
线粒体
溶酶体具有溶解或消化的功能，是细胞内的消化处理工厂。

神秘的螺旋体

DNA是什么呢？它的样子就像螺旋状的滑梯，两边扶手的长度、旋转角度都是一模一样的。这种双螺旋结构的DNA，螺旋的两条链相互盘绕。DNA携带了大量的遗传信息，这些遗传信息决定了你是什么血型，是单眼皮或双眼皮等。

双螺旋结构的DNA解旋后的两条单链，会以解旋后的每一条母链为模板，以4种脱氧核苷酸为原料，按照碱基互补配对原则，各自合成与母链互补的一条子链。同时，每条新链与其对应的模板链盘绕成双螺旋结构，从而实现了遗传信息的准确性。

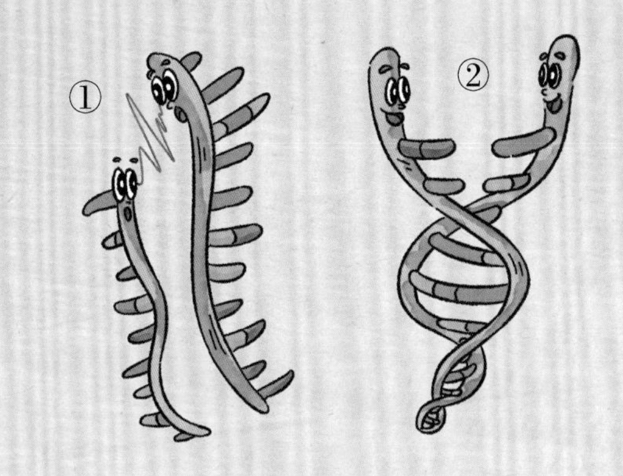

DNA是脱氧核糖核酸的简称，它存在于细胞的细胞核内，从染色体上拆解后，它就像一个长长的链条形的双螺旋梯子。

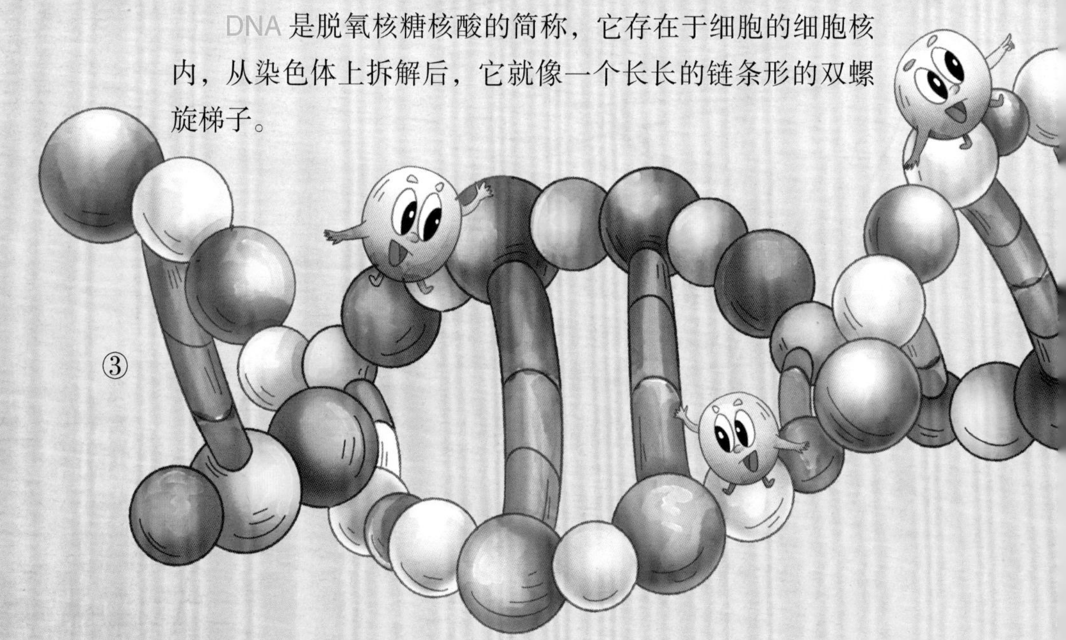

爸爸和妈妈控制双眼皮的基因会通过基因复制、细胞分裂传递给他们的宝宝，这是DNA的“特异功能”。

染色体由 DNA 与蛋白质组成，人的体细胞中有 23 对染色体，其中有 22 对染色体叫作常染色体，另一对染色体叫作性染色体，性染色体决定人的性别。

同卵双胞胎会从父母那里遗传完全相同的基因，但是异卵双胞胎遗传基因不同，有可能从样貌到性别都会不一样。

看不见的小家伙

微生物王国里有一些小家伙，我们平时用肉眼看不见它们，只有借助显微镜才能看到它们。它们就是细菌和病毒，细菌一般是单细胞的，结构简单，没有成形的细胞核，但有核区；而病毒比细菌还微小，只含一种核酸（DNA 或者 RNA），只能寄生在其他生物的活细胞中。

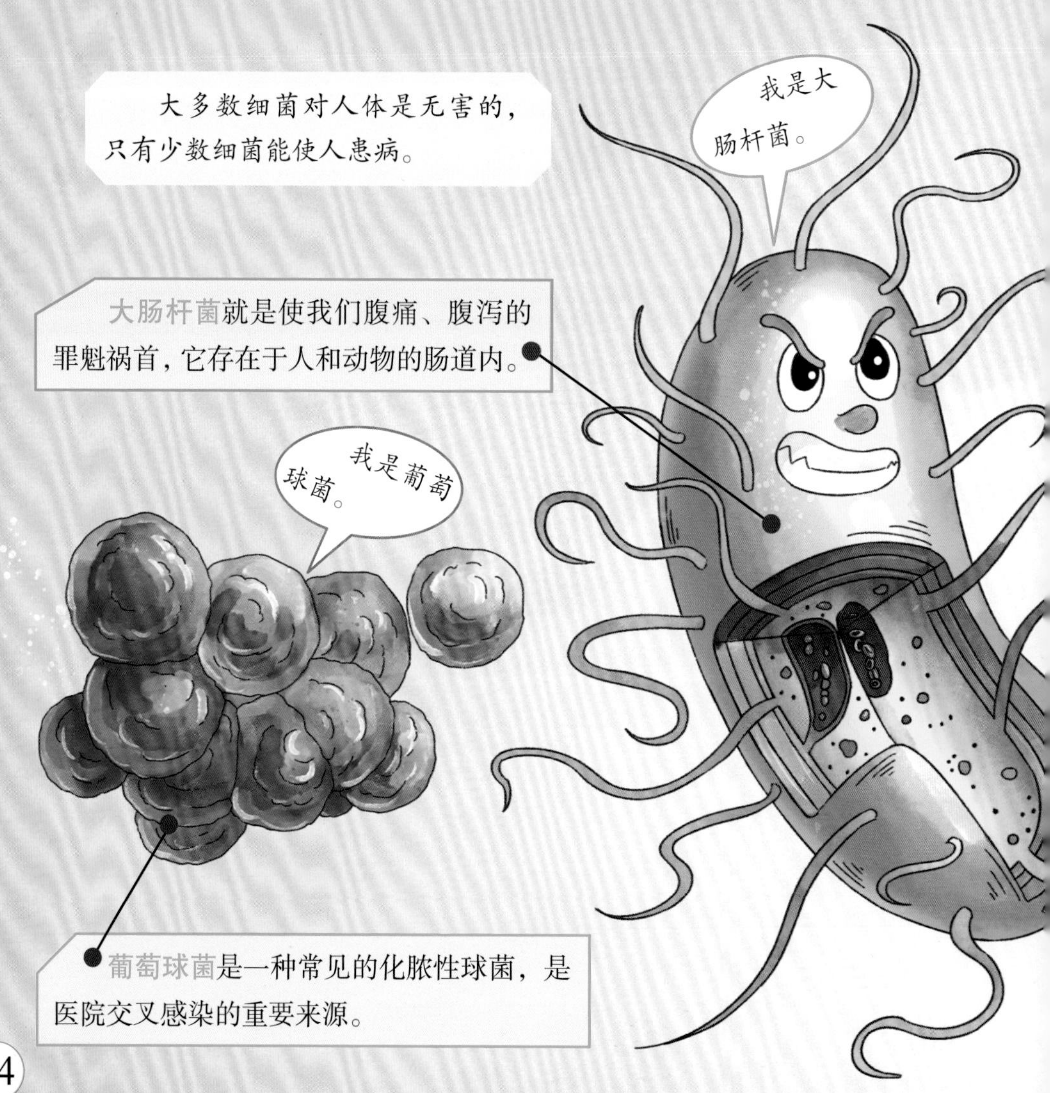

细菌有细胞壁、细胞膜、细胞质等组成部分。

双歧杆菌是有益菌，对人体有抗肿瘤、免疫增强、改善胃肠环境、抗衰老等多种重要作用。

噬菌体是可侵染细菌的病毒，它长有“尾巴”，用来将遗传物质注入细菌内。

噬菌体产生的溶菌酶可以让细菌的细胞壁破裂。

伸向蓝天的树枝

“咕噜、咕噜……”叶子“饿了”，它去寻求“输送官”茎的帮助，茎立刻找到根，把根吸收的养料和水分传输给叶子。“输送官”茎的作用可大了，不仅支撑着叶子，使其规律分布，充分地接受阳光进行光合作用，同时支撑着果实和花朵，还帮助植物更好地散播种子和传播花粉。

茎不仅自己负责输送营养物质，还培育了自己的运输小队——分枝，分枝能使叶片分散开，更好地利用阳光和外界物质，制造有机物。

树皮包裹着茎，对茎具有保护作用。

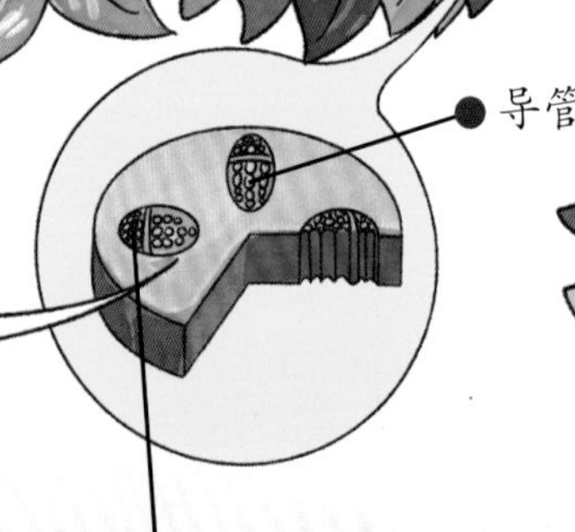

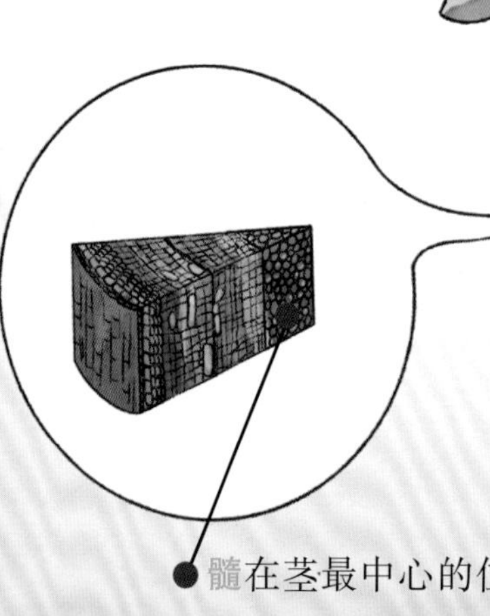

筛管负责将光合作用制造的有机物输送到根部、茎等器官。

髓在茎最中心的位置，具有贮藏作用。髓射线具有横向运输的作用。

茎的顶端没有强大的保护措施，只有一层薄薄的表皮，这个地方能够不断地进行细胞分裂，产生新细胞，使植株不断生长。

树皮内侧是韧皮部，其中有筛管。韧皮部内侧是木质部，木质部中有导管。叶子通过光合作用制造的有机物，通过筛管自上而下运输到根、茎等器官。

植物细胞王国

在细胞王国里，除了有动物细胞，还有植物细胞。与动物细胞不同的是，植物细胞有细胞壁、液泡和叶绿体这三种特殊的结构。植物的花和果实有各种颜色是因为细胞内有花青素，它存在于植物细胞的液泡中。让我们一起去探索神秘的植物世界吧！

细胞核

核仁

线粒体是植物细胞内的“动力工厂”，为细胞生命活动提供能量。

内质网

高尔基体是位于细胞核附近的网状囊泡，是细胞内的运输和加工系统。

地球上生长着各种各样的植物，有的植物只有一个细胞，而有的植物则由无数个细胞构成，这些细胞各司其职，分工合作，共同完成植物的整个生命周期。

液泡是植物细胞的细胞质中的泡状结构，有一个或多个。液泡内有细胞液，可以使细胞保持膨胀的状态。

细胞壁是植物细胞最外面的一层较厚的壁，起保护和支持细胞的作用。

叶绿体可以吸收光能，并通过光合作用制造有机物。

形态多变的根

在土壤深处，有一个名为“直根系”的“村子”，主根是“村长”，侧根是“村民”，它们分工明确，使村落不断壮大。另外一个“村子”名为“须根系”，在“村长”主根消亡后为不定根“村民”提供生长空间。无论是“直根系”还是“须根系”，都属于根系这个大家族，都在土壤里为植物提供养分。

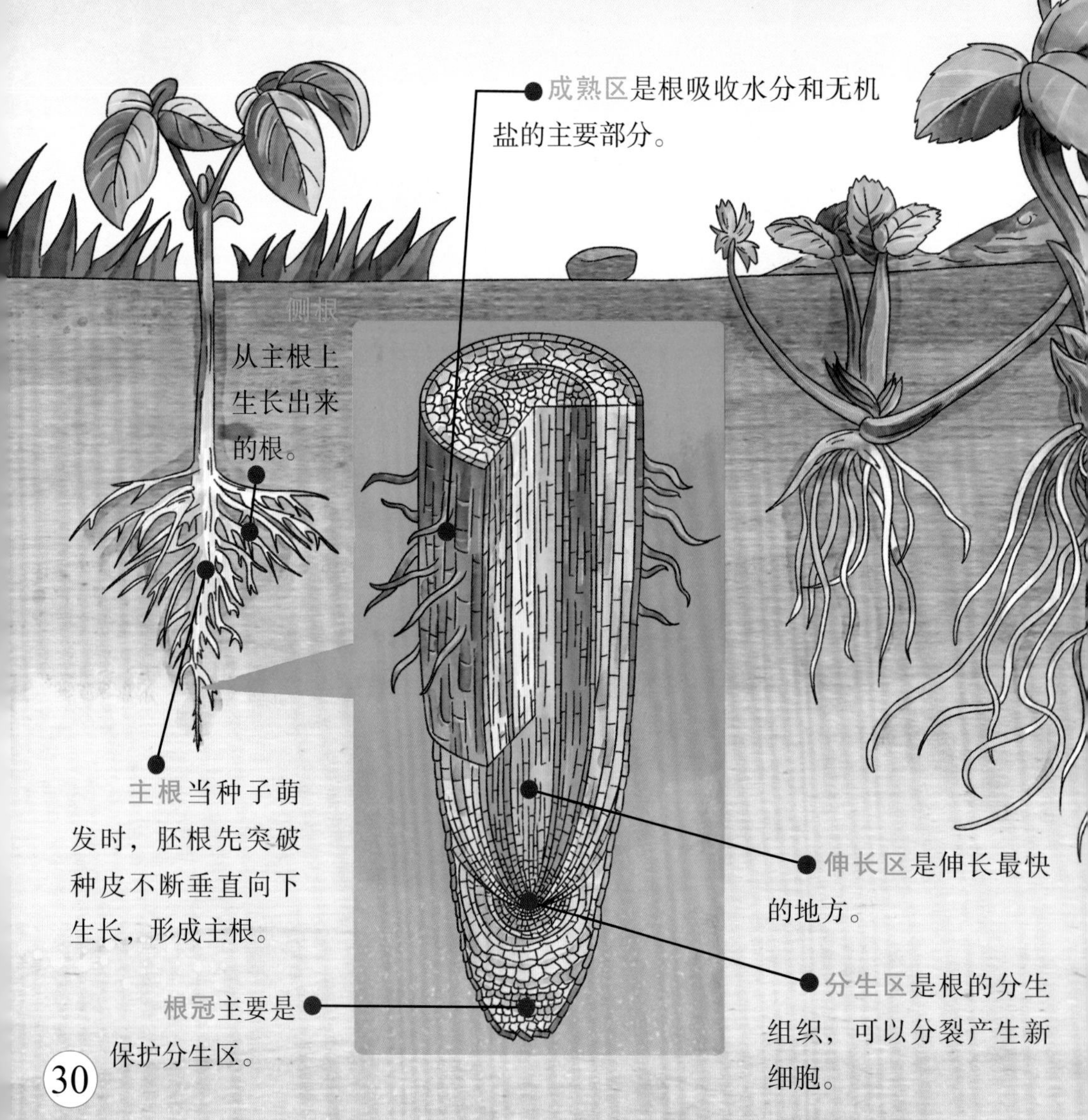

玉米生长过程图
不定根是从茎或
叶上生出的根。
红薯是块根，萝卜是肉质直根，它们都属于贮藏根。贮藏根除了吸收水分和矿物质外，还有贮藏营养物质的作用。

植物餐厅

我是叶子，是一家名叫“光合作用”的餐厅的老板。新的一天开始了，餐厅开始运作了！我们餐厅在太阳下工作，拥有独家食材供应链，可以保证“食材”分量足而且足够新鲜！经过我们的“王牌厨师”叶绿体加工后，生产出了人类和动物们都非常喜欢的美味“食物”。

表皮仅由一层细胞组成，无色透明，起保护作用。

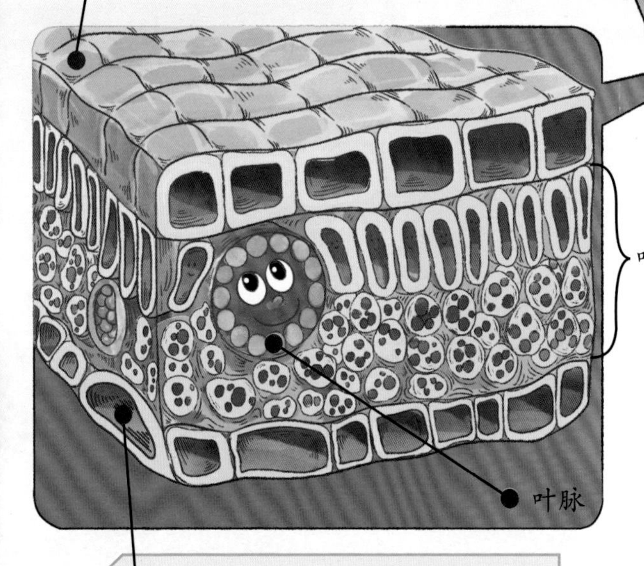

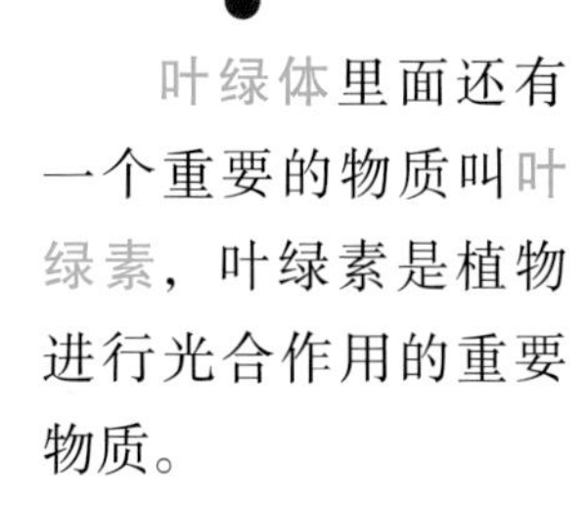

叶绿体里面还有一个重要的物质叫叶绿素，叶绿素是植物进行光合作用的重要物质。

气孔与植物的光合作用和蒸腾作用密切相关。

光反应阶段：在光的照射下，叶子接收到的光能导致叶绿素被激发出高能电子，它使水分解，释放出氧气和氢离子（H^+）。

暗反应阶段：叶片制造的糖类会转变成葡萄糖。

花粉的故事

春天，公园里的桃花盛开了，勤劳的小蜜蜂不仅需要采集花蜜，还要帮桃花姑娘传播花粉呢！当小蜜蜂从一朵花飞到另一朵花上采蜜时，它们就会把身上沾染的花粉带到另一朵花雌蕊的柱头上，桃花就能繁殖它们的后代了。

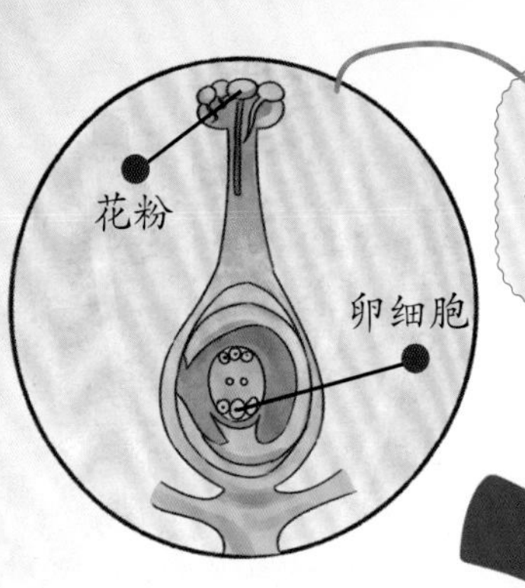

①花粉落到柱头上后，在柱头上黏液的刺激下开始萌发，长出花粉管。

精子

②花粉管穿过花柱，进入子房，到达胚珠。同时，花粉管中的精子随着花粉管的伸长而向下移动。

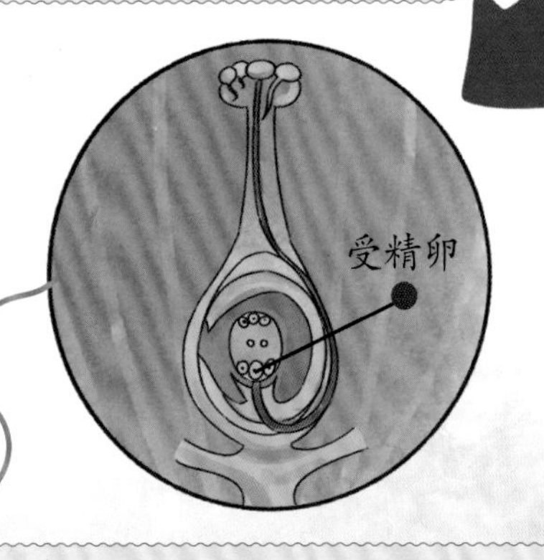

③当花粉管中的精子进入胚珠内部后，与胚珠里面的卵细胞结合，形成受精卵。

花粉有“凡有接触，必留痕迹”的特性。花粉由于有体积小、数量大、传播广、易保存、形态多的特点，在证据学中也被称为“花粉指纹”，可用于辅助刑事侦查工作。

雄蕊由花药和花丝组成。雌蕊由柱头、花柱和子房组成。
花丝支撑花药，让花药张开一定的空间，利于传粉。另外，花丝还可以为花药输送养料。
花瓣
花药是花丝顶端膨大呈囊状的部分，能产生花粉。
柱头
花柱是花粉管进入子房的通道，它还有分泌黏液的功能，利于授粉和刺激花粉的萌发。
萼片
当传粉受精完成后，子房发育成果实，子房里面的胚珠发育成种子。
子房是被子植物生长种子的器官。
花托
花柄

爱吃“肉”的叶子

在一片湿地草原上住着一位植物界最顶尖的“猎手”，在它的顶端长有一个酷似“贝壳”的捕虫夹，并且能分泌蜜汁，当有小虫闯入时，它可以用极快的速度将小虫夹住并消化吸收。它是一种非常有趣的食虫植物——捕蝇草。让我们来看看它是如何完成“狩猎”过程的吧！

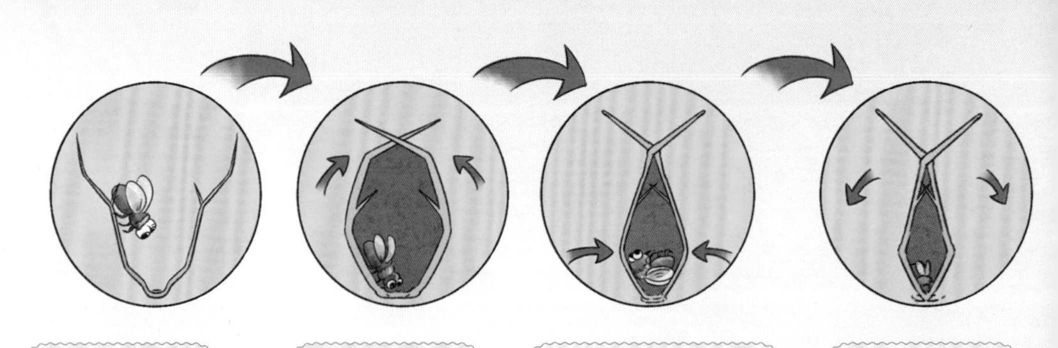

捕蝇草的叶缘部分有蜜腺，会分泌出蜜汁来引诱昆虫靠近。当昆虫进入叶面部分时，碰触到感觉毛两次，“夹子”就会迅速地合起来。

捕蝇草的根比较短并且不发达，主要功能是吸取水分。它的茎也比一般植物小，看上去叶柄和叶子是贴地生长的。

种子的旅行

种子喜欢四处旅行，为此它们做了充足的准备。它们是勇敢的探险者，敢乘着风踏着浪去任何想去的地方。它们随心所欲，喜欢哪里便停下脚步扎根生长。它们渺小又顽强，鲜嫩又坚韧。让我们跟随种子的脚步，一起来倾听它们的故事吧！

蒲公英长出白色的绒球，代表种子已经成熟了。风吹过来，它的种子就会随着风飘到四方。

苍耳成熟后，果皮上会长满钩刺，有动物经过的时候，它就会附着在动物身上，从而被带到其他地方，完成种子的传播。

椰子
椰子是靠水来传播种子的，椰子一般生长在有水的地方，果实成熟后就会掉落到水里，“漂洋过海”去寻找新的家。
这就是植物从“种子”到“种子”的一次生命循环。
传粉受精生殖发育
成熟的
植株
当成熟的豌豆被阳光照射后，豆荚就会自己裂开，然后将种子弹射出去。
果实
种子在
果实内
幼苗
幼苗吸收营养
种子萌发
种子

食物链说明书

广袤的草原上，狮子和灰狼为了争夺猎物而展开对战；茂密的树林里，正在享受果实的松鼠却早已被藏在土堆里的黄鼠狼视为猎物；无边的大海上，虎鲸为了一顿美味的海鲜大餐而耐心等待着……为了生存，动物和植物间有哪些联系与竞争呢？让我们一探究竟吧！

在生态系统中，不同生物之间由于吃与被吃的关系而形成的链状结构叫作食物链。

植物工厂清早就开始了新的一轮生产工作，而生产者就是各种各样的植物，它们进行光合作用，利用二氧化碳和水合成碳水化合物并释放氧气。

消费者们慢慢地苏醒了，它们开始寻找食物。牛群和羊群慢悠悠地走到草地上开始吃草，而雄狮们正紧紧盯着远处奔跑的动物……

分解者们分工合作，一部分偷偷钻到长时间放置的水果里，让水果变得腐烂；还有一部分去森林中分解掉落的树叶。它们就是我们常说的细菌和真菌。

图书在版编目（CIP）数据

漫画生物 / 肖傲编著 . -- 长春 : 吉林出版集团股份有限公司 , 2023.10
（我的第一套理科启蒙书）
ISBN 978-7-5731-4398-3

Ⅰ . ①漫… Ⅱ . ①肖… Ⅲ . ①生物学－青少年读物 Ⅳ . ① Q-49

中国国家版本馆 CIP 数据核字 (2023) 第 201249 号

WO DE DI-YI TAO LIKE QIMENG SHU
我的第一套理科启蒙书

编　　著：肖　傲
出版策划：崔文辉
项目统筹：郝秋月
选题策划：刘虹伯
责任编辑：刘　洋
助理编辑：邓晓溪

出　　版：吉林出版集团股份有限公司（www.jlpg.cn）
（长春市福祉大路 5788 号，邮政编码：130118）
发　　行：吉林出版集团译文图书经营有限公司
（http://shop34896900.taobao.com）
电　　话：总编办 0431-81629909　营销部 0431-81629880/81629881
印　　刷：武汉鑫佳捷印务有限公司

开　　本：787mm × 1092mm　1/16
印　　张：12
字　　数：200 千字
版　　次：2023 年 10 月第 1 版
印　　次：2023 年 10 月第 1 次印刷
印　　数：1-10 000 册
书　　号：ISBN 978-7-5731-4398-3
定　　价：128.00 元

印装错误请与承印厂联系　电话：027-87531181

肖傲　编著

吉林出版集团股份有限公司
全国百佳图书出版单位

前言

这是一套带领孩子们探索数学、物理、化学和生物学奥秘的启蒙书。它由浅入深，从基本的数理化概念到高深的科学原理，从简单的生物现象到复杂的生物系统，全面丰富的内容将引领孩子们进入一个神奇的科学世界！

我们将从数学开始，引导孩子们解开古老的数学谜题，从基础算术到几何和代数，让孩子们在故事中愉快地学习。物理和化学将带领孩子们探讨物质变化的原理，让他们惊叹于自然的神奇和科技的力量，同时掌握基本原理。通过学习生物学，孩子们将了解生命科学，探索我们周围世界的多样性。

让我们一起开始这段奇妙的旅程，探索数学、物理、化学和生物学的奥秘吧！

目录

天文望远镜

外星人咻咻不小心迷路来到了地球，他用反射式天文望远镜来寻找回家的路。咻咻用的天文望远镜分为折射式天文望远镜和反射式天文望远镜，它们最大的区别在于物镜，折射望远镜是用凸透镜做物镜，而反射望远镜是用反射镜做物镜。让我们一起来看看他的家在哪！

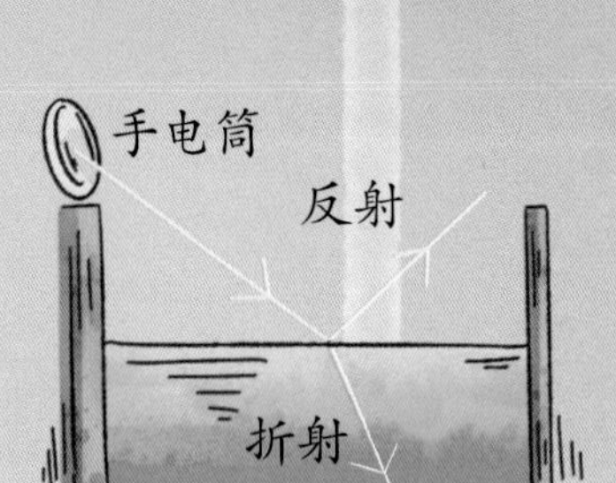

当光束从空气斜射到水面时，光的传播方向发生了改变。有一部分光被反射回空气，这种现象叫作光的反射。还有一部分光进入水中，且光的传播方向发生偏折，这种现象叫作光的折射。

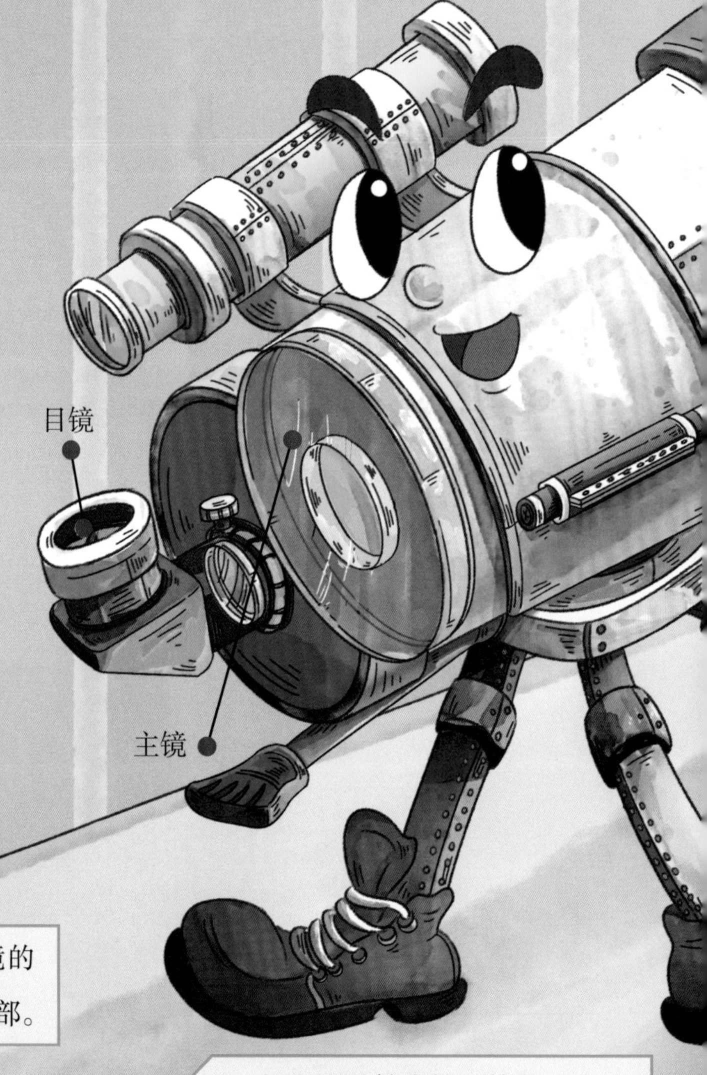

目镜是反射式望远镜的“眼睛”，被安置在镜筒顶部。

主镜是反射式望远镜的“主心骨”，它可以聚集尽可能多的光。

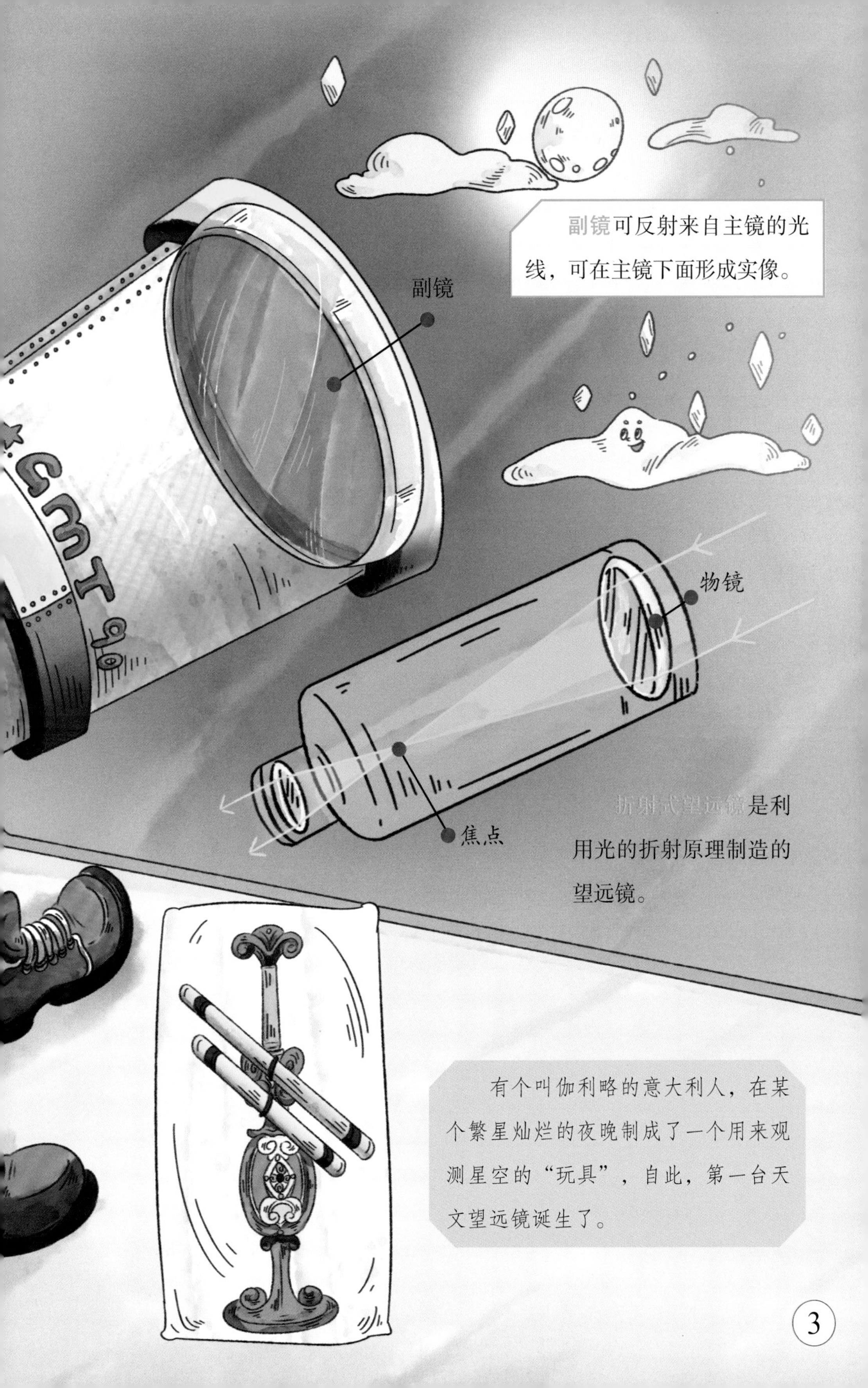
副镜可反射来自主镜的光线，可在主镜下面形成实像。
副镜
CMT 90
物镜
焦点
折射式望远镜是利用光的折射原理制造的望远镜。
有个叫伽利略的意大利人，在某个繁星灿烂的夜晚制成了一个用来观测星空的“玩具”，自此，第一台天文望远镜诞生了。

单反相机

一个画家真奇怪，不用画笔不用纸，朝它面前站一站，咔嚓一声画下来。这个“画家”就是单反相机，单反相机是以数码方式记录成像的“画家”。“画家”的心脏是一块可以活动的反光镜，它把光线引进感光原件上从而在小窗口就可以看到好看的图像啦!

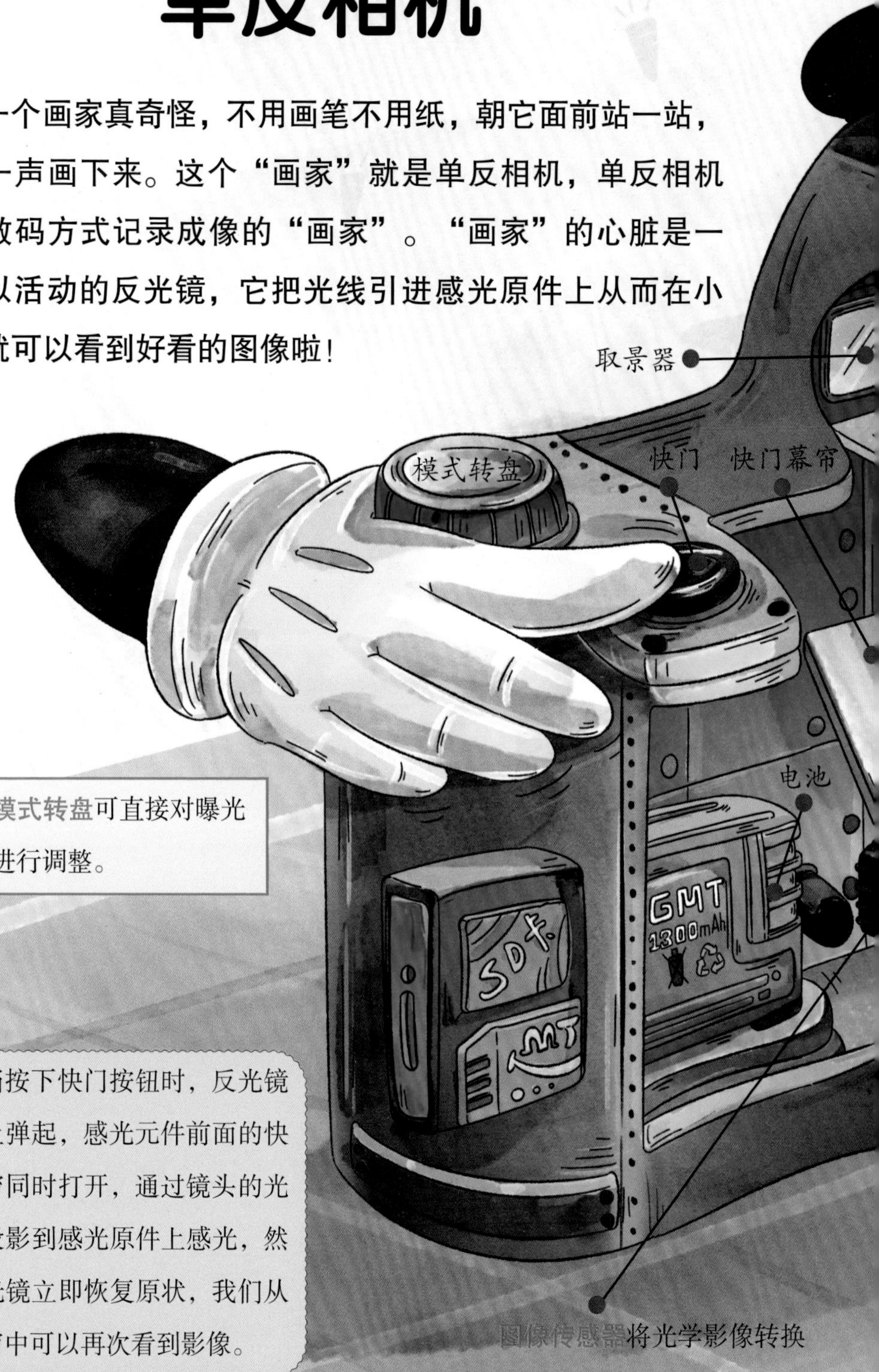

取景器

模式转盘

快门　快门幕帘

电池

GMT 1300mAh

SD卡

MT

模式转盘可直接对曝光模式进行调整。

当按下快门按钮时，反光镜会往上弹起，感光元件前面的快门幕帘同时打开，通过镜头的光线便投影到感光原件上感光，然后反光镜立即恢复原状，我们从观景窗中可以再次看到影像。

图像传感器将光学影像转换为数字影像显示在显示屏上。

五棱镜把对焦屏上左右颠倒的图像矫正过来，使我们通过取景器看到的图像与实际景物保持一致。
2022.12.13.
五棱镜
光圈能调节进入镜头里面的光线。
反光镜
反光镜在拍照时呈 45° 角升起反光，拍照完成后反光镜落下。
照相机物镜对物体起第一步的放大作用。

智能摄像头

智能摄像头是我们身边的安全卫士，它拥有着像猫头鹰一样敏锐的“视觉”和“听觉”。除此之外，它还有一个智能的“大脑”，可以将“捕捉”到的画面第一时间报告给主人，主人可以通过手机或者电脑远程查看，此外，智能摄像头还能与家中其他的智能“伙伴”实现联动，共同保护家园。

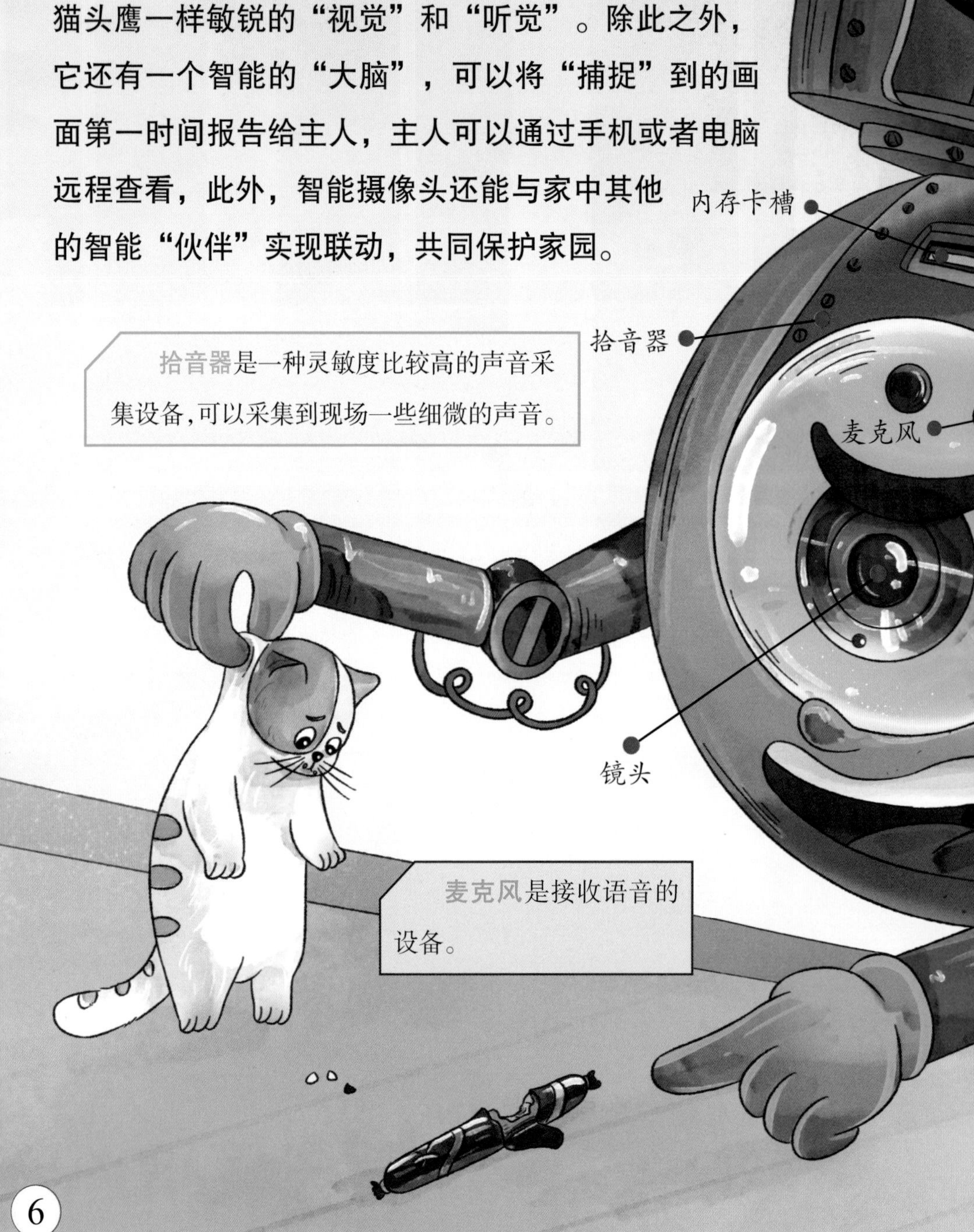

拾音器是一种灵敏度比较高的声音采集设备，可以采集到现场一些细微的声音。

麦克风是接收语音的设备。

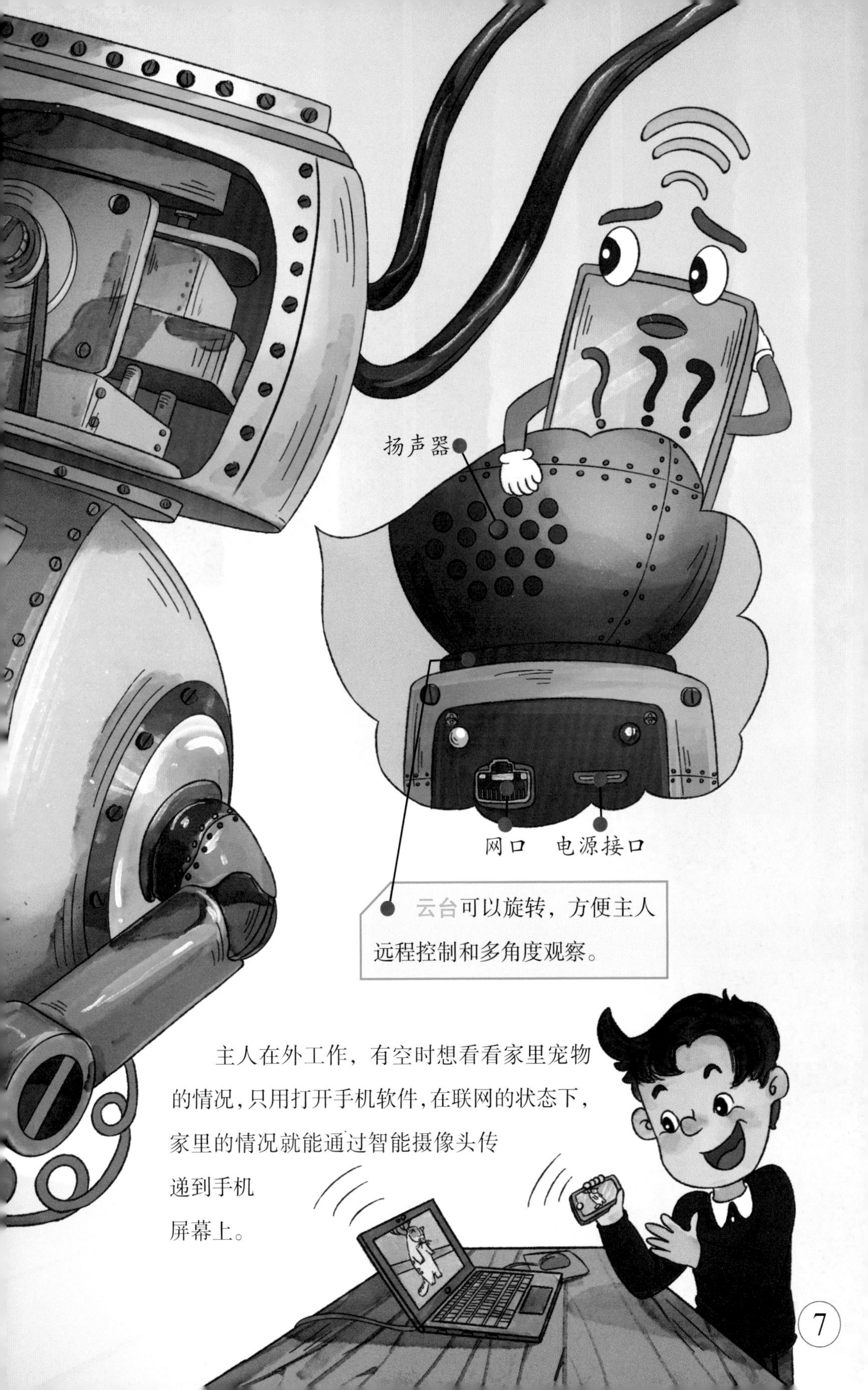

主人在外工作，有空时想看看家里宠物的情况，只用打开手机软件，在联网的状态下，家里的情况就能通过智能摄像头传递到手机屏幕上。

电话手表

小朋友的好伙伴——电话手表，它是一种新式的通信工具，虽然外观和普通手表一样，但是它更聪明。电话手表的“秘密武器”是集手表、通话、定位等多种功能于一体，类似于一部微型智能手机，联网后，便拥有了更大的平台展现它的魅力。

中央处理器（CPU）

电源管理

加速度计

Wi-Fi

GPS

小朋友要去公园，出发前点击触摸屏，找到导航软件，途中发现迷路了，点击电话手表的通话功能，给好朋友打电话，最后到达了目的地。
触摸屏里面的触摸屏控制器在接收用户触摸信息后，把触摸信息转换成触点坐标传给中央处理器（CPU），同时还能接收并执行 CPU 发来的命令。
触摸屏
电话手表安装 SIM 卡就可以打电话。

笔记本电脑

爸爸工作很忙，他经常带着笔记本电脑去上班，下班回到家有时继续在笔记本电脑上工作。笔记本电脑就像爸爸的小秘书一样，不仅小巧，而且功能强大，让爸爸能及时地处理紧急问题。

显卡是连接主机与显示器的桥梁，主要负责控制电脑图像的输出。

中央处理器（CPU）是笔记本电脑的“大脑”，主要负责读取指令并执行指令。

主板是笔记本电脑中各种硬件传输数据和信息的“桥梁”，它连接整合内部重要的各种硬件，使其相互独立又各司其职。

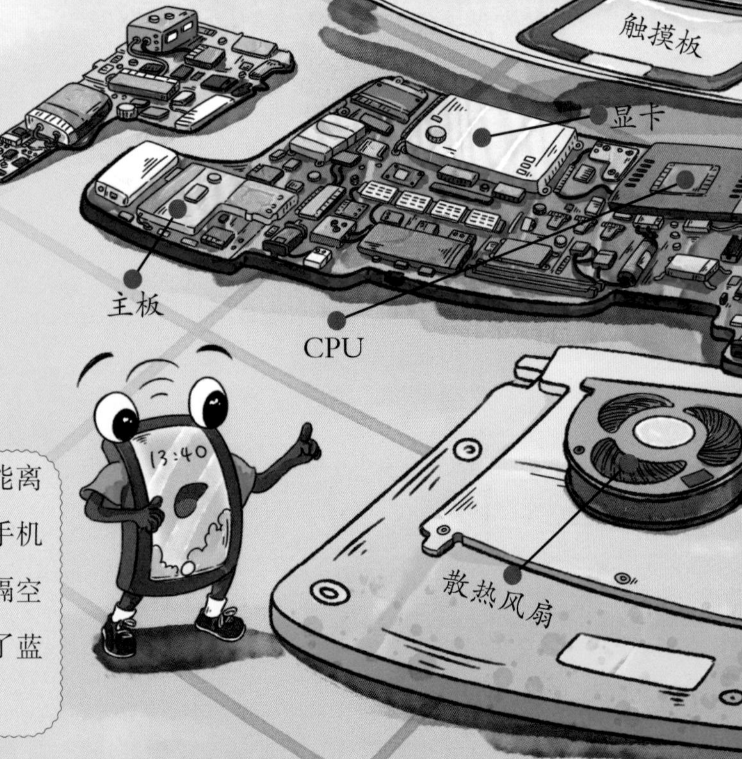

无线耳机、手机能离开数据线传输文件，手机与手机之间也能做到隔空传输，这可能是利用了蓝牙的功能。

显示屏
无线鼠标是没有“小尾巴”的鼠标，有追踪功能，可以在显示屏内移动。
键盘
内存空间足够大，存放读取东西时就不会因为“拥挤”而放慢速度。
硬盘是笔记本电脑的“仓库”。我们平时的照片、文档和软件等都放在里面。
世界上第一台电子计算机是个庞然大物：重 30 余吨，占地约 170 平方米，肚子里装有 18000 只电子管。它是 1946 年 2 月 14 日在美国宾夕法尼亚大学诞生的。

VR 眼镜

冒险家奇奇发现了一个新奇的东西，它可以让奇奇进入虚拟世界，探索侏罗纪的秘密。VR 眼镜就像人的眼睛一样智能，它里面的两个透镜能实现叠加成像，通过修正晶状体的光源角度，让人眼重新读取，达到增大视角、放大画面、增强立体感的作用。

VR 眼镜利用视差融合模仿真实的状况，使左、右眼画面连续互相交替显示在屏幕上，加上人眼视觉暂留的生理特性，人就可以看到真正的立体图像。

屏幕主要由两块液晶屏组成。

人左眼与右眼成像的差异称为视差，人类的大脑很巧妙地将两眼看到的图像融合，在大脑中产生出有空间感的立体视觉效果。

VR 眼镜的追踪系统可以通过内部的传感器、陀螺仪和磁力计捕捉用户运动。
控制器可以追踪用户的动作和手势。

卡丁车

卡丁车最初是用剪草机改装设计出来的，它的结构及设备都非常简单。虽然卡丁车很酷，但只能坐下你一人，能熟练地控制好方向盘和刹车，那你就是一名合格的赛车手啦！360°的全景天窗，看风景真的很棒，但别忘了戴上防护头盔和手套哟！

卡丁车结构简单，方向盘与前轴连接，前轴与车轮连接，后轮也仅通过一根轮轴直接连接在一起。

潜水艇

潜水艇看上去像一条笨重的大鲨鱼，但实际上它并不“笨”。这条“大鲨鱼”不仅智能还有“人情味”，它不会主动攻击其他鱼群，还可以提早预测到远处的情况。潜水艇的种类繁多，形制各异，它里面有一个指挥塔，是潜水艇的“大脑”，内有通信设备、感应器、潜望镜和控制设备等。

耐压壳

螺旋桨就像鲨鱼的尾巴，为潜艇提供了前进的动力。

减速齿轮

推进电机

如果要潜下去，潜艇需要让自身的重力大于其所受浮力，或者使潜艇重量增加超过它的排水量。重力的控制则完全可以通过装备一种叫作“沉浮箱”的水箱来控制，即通过控制沉浮箱中的注水情况来改变潜水艇的重力。

尾舵是控制左右航向和垂直航向的结构。十字形舵高速航行时很稳定，操作也比较便利。

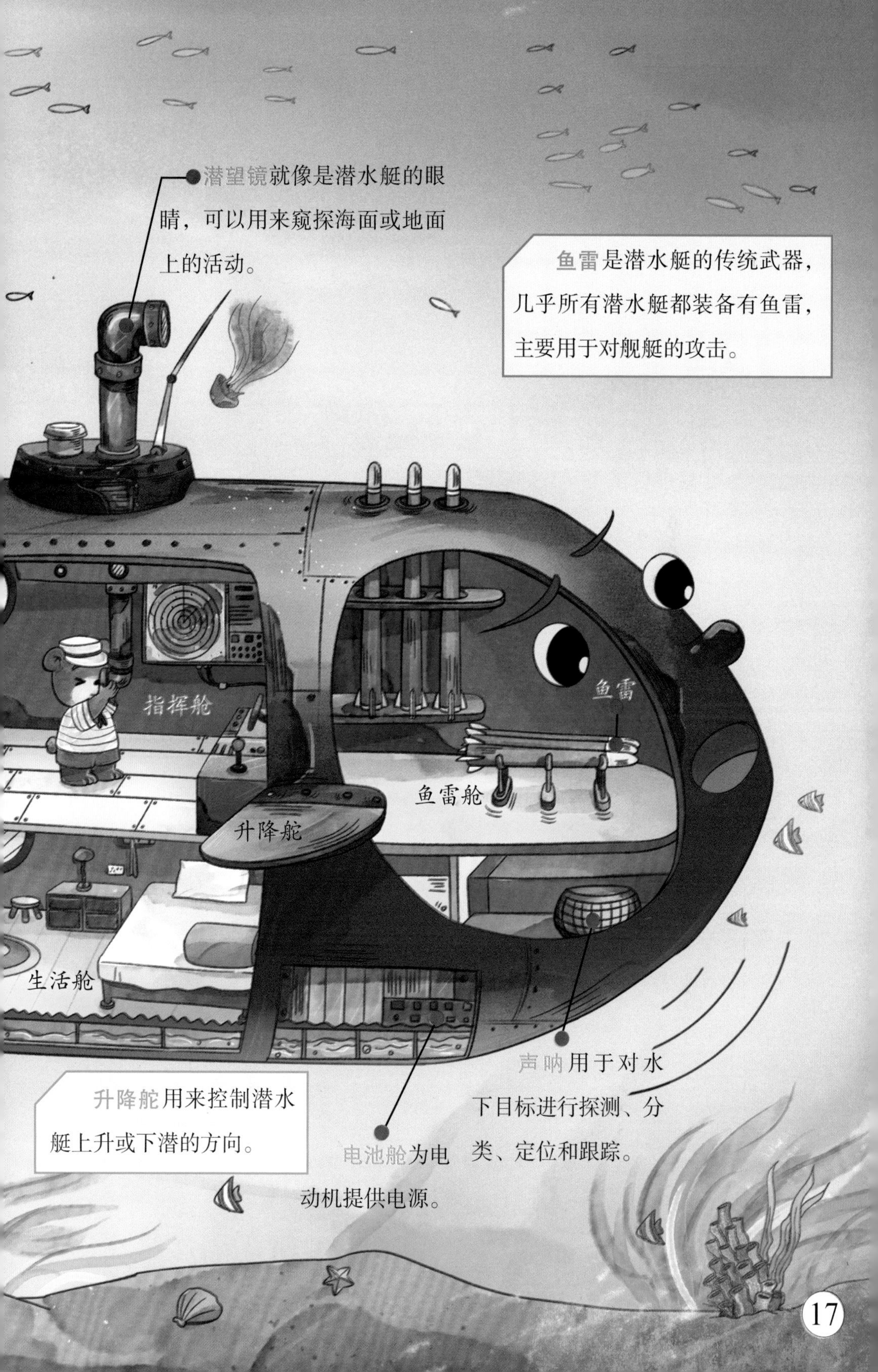
潜望镜就像是潜水艇的眼睛，可以用来窥探海面或地面上的活动。
鱼雷是潜水艇的传统武器，几乎所有潜水艇都装备有鱼雷，主要用于对舰艇的攻击。
指挥舱
鱼雷
鱼雷舱
升降舵
生活舱
声呐用于对水下目标进行探测、分类、定位和跟踪。
升降舵用来控制潜水艇上升或下潜的方向。
电池舱为电动机提供电源。

洗碗机

扑哧，扑哧，洗碗机正在努力工作呢！它是自动清洗碗、筷、盘、碟、刀、叉等餐具的设备。洗碗机通过高温高压下喷射的水流对餐具表面进行全方位的冲击而达到清洁效果，它极大地提高了工作效率，高温环境下可以充分杀灭细菌，做到真正的干净。

浮控阀随水位变化上升或下降，在浮球下降时其连接的阀门开启，当水位上升时浮球在水浮力的作用下上升，其连接的阀门会自动关闭。

控制装置是一个简单的电机系统，也是定时器，它决定运转过程中每个阶段的持续时间和在恰当的时候启动恰当的功能。

餐盘和碗碟正在洗碗机里洗澡呢！它们身上的食物残渣和油污都被高温高压下喷射的水流冲洗干净。洗涤剂产生了许多泡泡，让它们进行了一场温暖的泡泡浴。

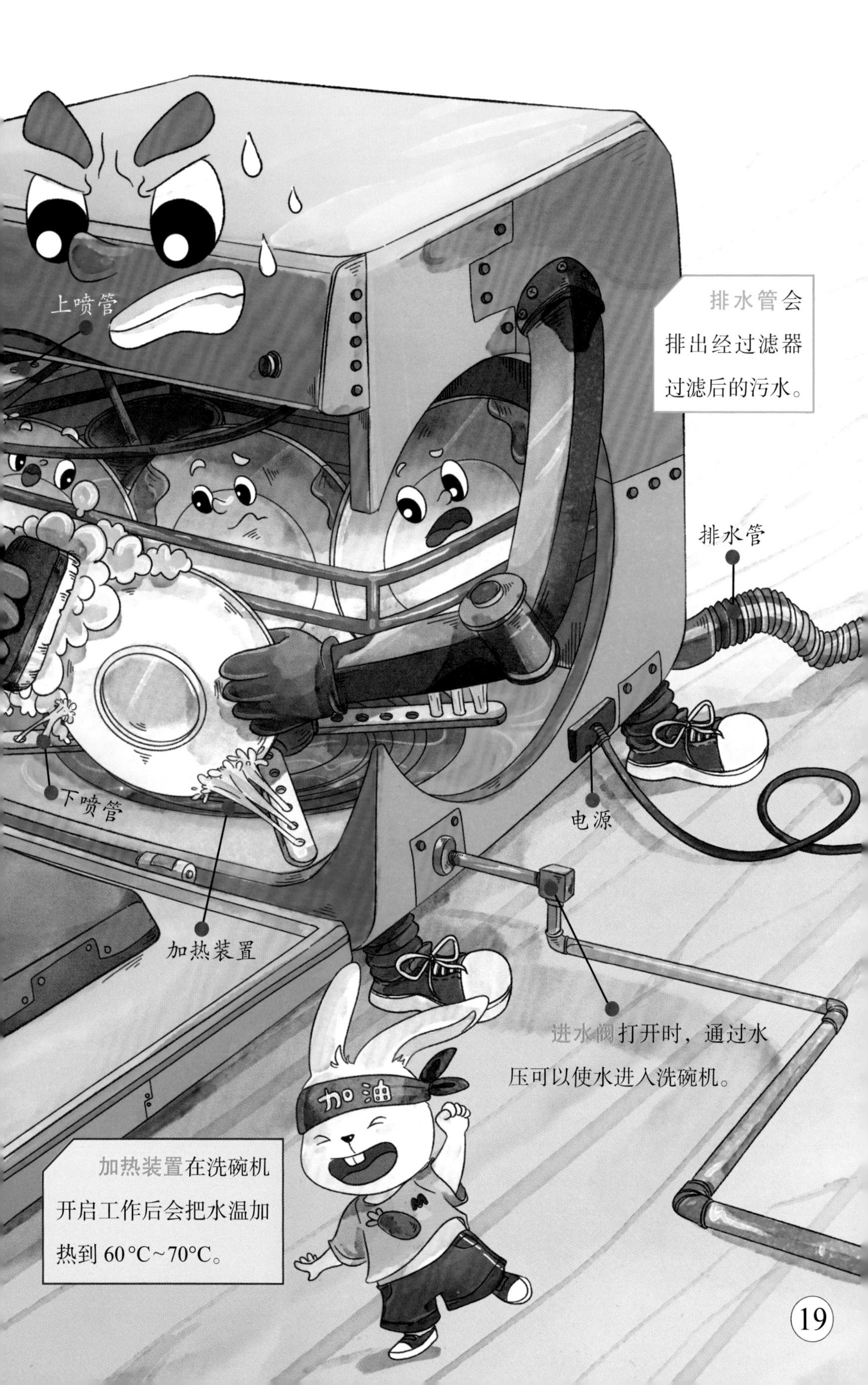
上喷管
排水管会
排出经过滤器
过滤后的污水。
排水管
下喷管
电源
加热装置
进水阀打开时，通过水
压可以使水进入洗碗机。
加油
加热装置在洗碗机
开启工作后会把水温加
热到 60℃~70℃。

手持式吸尘器

家里出现了一个勤快的“小怪兽”，只要打开开关推着它就可以把遇到的垃圾“吃”得干干净净。这个“小怪兽”就是手持式吸尘器，它可是家庭清洁小能手。它通过电动机的高速旋转，在机身内形成了强大的气流，将垃圾通通都吸进“大肚子”里。

妈妈拿出手持吸尘器，按下开关，风机开始高速运转吸入空气，吸尘器内部与外界大气压形成负压差，产生吸力把垃圾吸入吸尘器内，进入集尘器，经过过滤器过滤后的空气从出风口排出。

空气炸锅

炸鸡大赛结束后，伴随着鸡腿宝宝身着金黄的外衣闪亮登场，空气炸锅队大获全胜。赛后采访中，空气炸锅队透露自己的秘密武器是利用鸡腿自身的油脂进行煎炸，从而让鸡腿脱水，表层变得金黄酥脆，达到煎炸的效果。

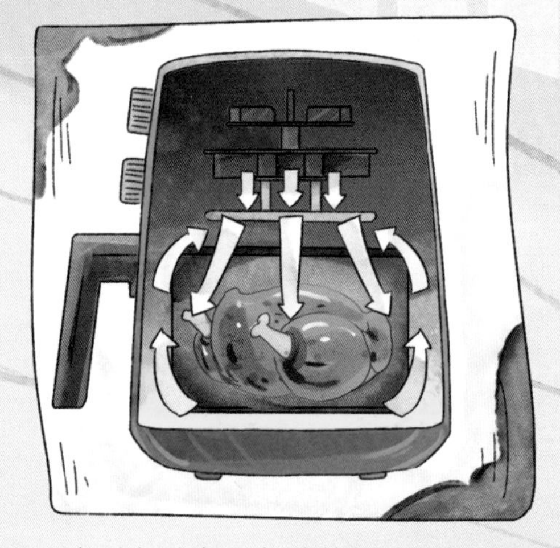

空气炸锅内部的加热管加热空气，风扇将高温空气吹到食物表面，并把产生的水汽快速带走，旋转的风扇让热空气在封闭的空间内循环，使食物均匀地受热。

内壁

空气炸锅主要依靠油脂和水蒸气的相对热对流和热传导进行工作。

风扇运作时可以让被加热的空气充满空气炸锅整个内腔。
加热管主要是将电能转化为热能。
出风口
进风口
风扇
加热管
控制键
锅篮
散热口
内壁特殊的纹路，让流动的空气形成涡流，能够充分加热鸡腿。

浴霸暖风机

冬天让小朋友洗澡可不是一件容易的事情，如果可以让小朋友在温度稳定的浴室中尽情享受泡泡浴就好啦！这不，暖风机就来啦！它主要运用的是循环空气采暖方式，冷空气从进风口进来，被加热后再吹出去，就成了暖风，热风循环流动带动室内升温。

电机推动整个设备运作，带动风轮旋转。

风轮安装在电机上，转动时将冷风吸入机箱。

发热元件是暖风机的发热源。

接通电源后，风轮在电机的带动下，将冷风吸入机箱，当电流通过发热元件后会产生热量，由此来实现对风的加热功能。

3D 打印机

设计师画好了一栋建筑的设计图，为了避免动工前出现差错，他决定用 3D 打印机将这栋建筑的模型先打印出来。3D 打印机与传统打印机有本质上的区别，简单来说，传统打印机是用墨印在平面的纸上，而 3D 打印机则是用层层堆积的方式，分层制作出三维的立体模型。

3D 打印机接到指令后开始工作，喷嘴将特殊胶水按照规划路径喷射到粉末上，粘到特殊胶水的粉末材料相互黏合并固化，其余粉末保持松散状态，在特殊胶水和粉末的层层交替下，模型初坯制作完成。下一步是清除散粉，对得到模型初坯进行烧结固化，最终得到模型。

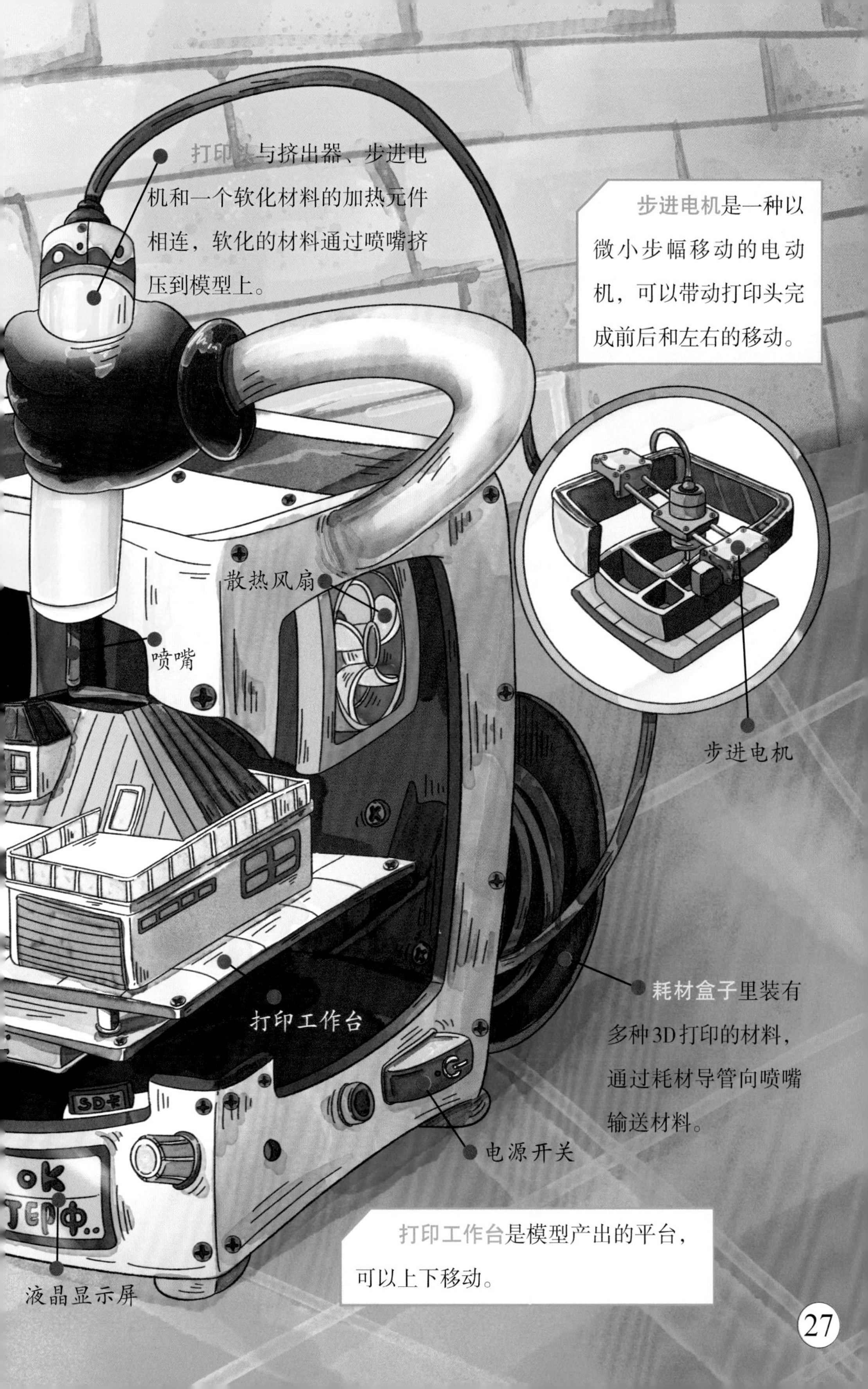
打印头与挤出器、步进电机和一个软化材料的加热元件相连，软化的材料通过喷嘴挤压到模型上。
步进电机是一种以微小步幅移动的电动机，可以带动打印头完成前后和左右的移动。
散热风扇
喷嘴
步进电机
打印工作台
耗材盒子里装有多种3D打印的材料，通过耗材导管向喷嘴输送材料。
电源开关
SD卡
OK
打印中..
液晶显示屏
打印工作台是模型产出的平台，可以上下移动。

扫地机器人

它有着圆圆扁扁的身体，肚子上还有好几把小刷子，它就是扫地机器人，又称自动打扫机、机器人吸尘器等，是智能家用电器的一种，能凭借一定的人工智能，自动在房间内完成地板清理工作。扫地机器人的机身为无线机器，以圆盘形为主，一般采用刷扫和真空方式，将地面杂物先吸纳进入自身的垃圾收纳盒，从而完成地面清理的功能。

超声波测距传感器能侦测障碍物，如遇障碍物，会自行避让。

扫地机器人有自己的“大脑”，那就是微电脑。微电脑控制机器，可实现自动导航并对地面进行清扫和吸尘，通过碰撞头实现对前方障碍物的躲避，还可以使所到角落得到清洁。
集尘盒主要用于收集灰尘。
遥控器
充电座是给扫地机器人充电的部件。
充电电池
充电电池一般以镍氢电池为主，部分用锂电池。
集尘盒

热气球

热气球由气囊、吊篮和加热装置三部分组成。热气球的基本原理是热胀冷缩，当气球里的空气受热膨胀后，密度会变小，气球便向上升起。热气球本身没有动力系统，从地面升空时，喷灯被点燃，空气受热后会从气囊底部开口处进入气囊。热气球升空后，控制喷灯的喷油量来操控气球的上升或下降。

加热装置是热气球的心脏，用比一般家庭煤气炉大 150 倍的能量燃烧压缩气，它将燃料和空气以一定方式喷出，让气囊内的空气可以快速加热升温，使浮力大于气球的整体重力，让热气球成功起飞。

水银温度计也是利用了热胀冷缩的工作原理。液泡中的水银受到人体的温度影响，温度升高，体积膨胀；温度计离开人体后，水银变冷收缩，管内的水银由于缩口的作用保持长度不变。

①加热装置将气囊中的空气加热后，空气密度减小，热气球的整体重力变小，球体产生的浮力大于自身的重力，气球开始上升。

气囊是不透气的。通常用强化尼龙或者涤纶制成，它的质量很轻却非常结实，气囊底部开口处用耐火材料制成。

②关闭加热装置，气囊中的热空气逐渐冷却，热气球的整体重力变大，球体产生的浮力小于球体自身的重力，气球开始下降。

喷气背包

喷气背包像一把没有座位的椅子，安在航天员的背上，背包里充满压缩氮气，发动后，喷射口就会喷射出高热量气流，将佩戴它的航天员推向空中；航天员可以通过控制器按钮控制喷气推力的大小，进而控制飞行的速度与高度。这种喷气背包实际上就是一个最小的宇宙飞行器。

发动机启动和停止的开关，及紧急降落伞的按键位于航天员头部后面。

力是物体与物体之间的相互作用，其中一个力称为“作用力”；而另一个力则称为“反作用力”，喷气背包无论是产生射流还是喷气，都会产生与流体流动方向相反的作用力。

推进器组控制器给不同的推进器提供压力不同的氮气。

氮气箱装有两个氮气罐，可以给推进器提供氮气，在太空中也可以向氮气罐补充氮气。

手控器的两个控制杆向前突出，适合航天员双手掌握。

右侧的控制杆的作用相当于加速器。

左侧是一个控制螺旋桨前后活动及向两侧倾斜的控制杆。

直升机

直升机像一只大蜻蜓，它用细长的尾巴保持平衡，尾巴上还有一个小小的尾旋翼。在飞行时，头顶上的主旋翼和尾巴上的尾旋翼共同工作才能实现正常飞行，也正是因为它独特的外部造型，才可以完成低空、低速和悬停这些其他飞机做不到的飞行动作。

驾驶杆位于驾驶员座椅前面，可以控制旋翼倾斜方向。

总距杆用来控制旋翼桨叶，通过连接旋转斜盘来控制直升机做升降运动。在总距操纵杆手柄上有油门操纵结构，用来调节发动机动力大小。

脚蹬位于驾驶员座椅前下方，双脚操纵，控制尾旋翼。

总距杆

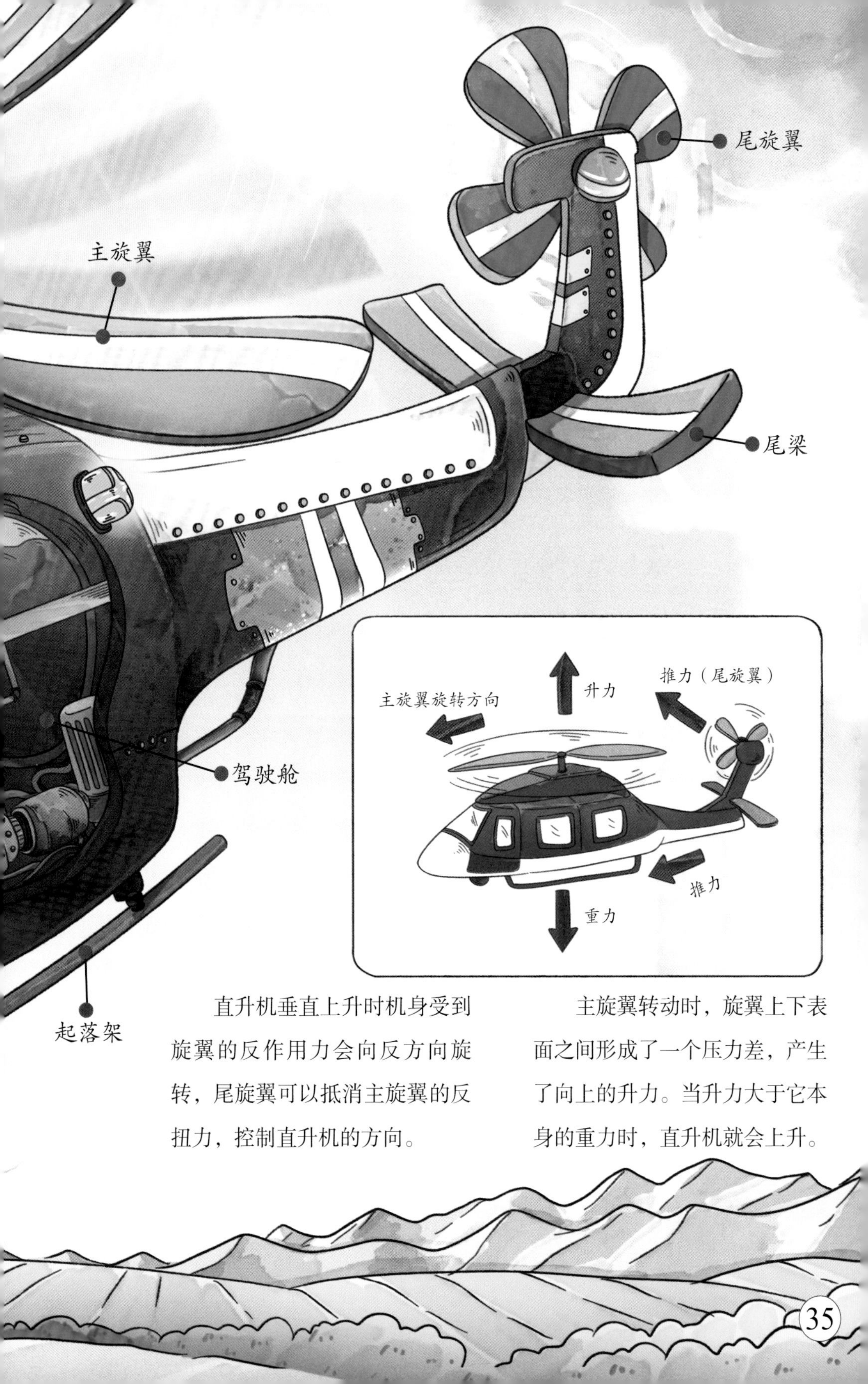

直升机垂直上升时机身受到旋翼的反作用力会向反方向旋转，尾旋翼可以抵消主旋翼的反扭力，控制直升机的方向。

主旋翼转动时，旋翼上下表面之间形成了一个压力差，产生了向上的升力。当升力大于它本身的重力时，直升机就会上升。

磁悬浮列车

看！这里有一辆会“飞”的列车，它没有轮子，整个车体悬浮在轨道上，这就是磁悬浮列车，主要是运用磁铁同极性相斥、异极性相吸的原理，让列车通过电磁力实现与轨道之间的无接触悬浮，再利用直线电机产生的电磁力牵引列车运行。

中国制造的高速磁悬浮列车，速度高达600km/h，它是当前世界上速度最快的陆地公共交通工具。

导向电磁铁是列车用于导向的电磁铁。在列车发生偏移时，与导向轨的侧面相互作用使车辆恢复正常位置。
S
N
N
S
S
N
N
悬浮电磁铁与铺设在轨道上的磁铁一起在磁场作用下产生排斥力让车辆浮起来。
导向轨
直线电机
轨道梁下方的钢板与通电后的电磁铁相互吸引，控制电磁铁的电流能让电磁铁和导轨保持一定的间隙，让车体稳定悬浮。
电磁铁
轨道梁

飞向太空——火箭

火箭就像一个爆竹，“肚子”里面装了许多燃料和助燃物品，当燃料燃烧时往后喷出的气体会把火箭向前推进，和爆竹飞上天是一样的原理。火箭一般是由多级发动机组成的航天运输工具，在每级工作结束后会抛掉不需要的重量，使它在飞行过程中能获得更好的加速性能。

液体火箭助推器捆绑在一级火箭上，液态推进剂在燃烧室中混合燃烧变成高温高压燃气，燃气经过喷嘴被加速成超声速气流向后喷出，推动火箭前进。

一级火箭是由氧化剂贮箱、燃料贮箱和尾段等部分组成，它尾部的喷管可摆动，以控制火箭的飞行姿态。

二级火箭由仪器舱、氧化剂贮箱和燃料贮箱等部分组成。
逃逸塔在紧急情况下可与固体火箭分离。
整流罩是航天器的“铠甲”，避免航天器受到损伤，完成使命后会分成两半被抛开。
1. 起飞
2. 抛逃逸塔
3. 助推器主令关机
4. 助推器分离
5. 一级火箭主令关机
6. 一、二级火箭分离
7. 整流罩分离
8. 二级火箭主令关机
9. 船箭分离
10. 变轨
神舟系列飞船接连上天，充分展现了我国的科技实力，标志着我国已经有了一套成熟的载人航天配套系统。

空间站

太空中有个长得像蜻蜓一样的机器，它有一个瘦长的身体，还有几个扁平的翅膀，这是航天员在太空中的家——空间站。整个空间站就像一个拼接起来的积木玩具，由航天运载器分批将飞行器送入轨道，里面有航天员生活和工作所需的一切设施。

空间站里面的实验舱是航天员平时工作的地方，有些设备装载在墙壁上，打开柜门就可以做实验了。

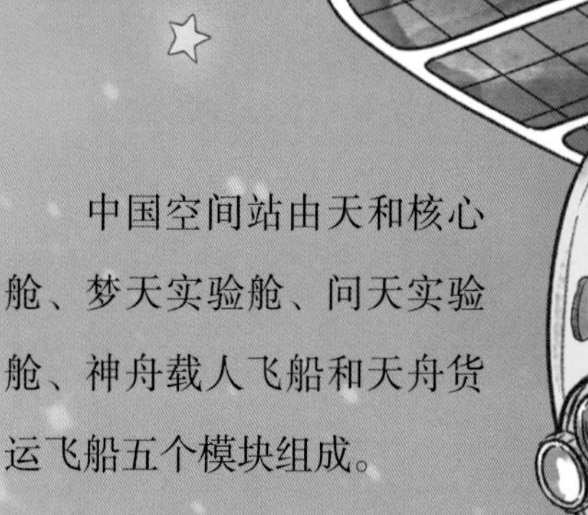

中国空间站由天和核心舱、梦天实验舱、问天实验舱、神舟载人飞船和天舟货运飞船五个模块组成。

各飞行器既具备独立的飞行能力，又可以与核心舱组合成多种形态的空间组合体，在核心舱统一调度下协同工作，完成空间站承担的各项任务。

核心舱是空间站的控制中心，也是航天员进餐、睡觉和休息的地方。

航天员在舱内穿蓝色工作服，衣服内的弹性带可以避免航天员在失重状态下肌肉萎缩。

图书在版编目（CIP）数据

漫画物理 / 肖傲编著 . -- 长春 : 吉林出版集团股份有限公司 , 2023.10

（我的第一套理科启蒙书）

ISBN 978-7-5731-4398-3

Ⅰ . ①漫… Ⅱ . ①肖… Ⅲ . ①物理学 - 青少年读物 Ⅳ . ① O4-49

中国国家版本馆 CIP 数据核字 (2023) 第 201251 号

WO DE DI-YI TAO LIKE QIMENG SHU

我的第一套理科启蒙书

编　　著：肖　傲
出版策划：崔文辉
项目统筹：郝秋月
选题策划：刘虹伯
责任编辑：刘　洋
助理编辑：邓晓溪

出　　版：吉林出版集团股份有限公司（www.jlpg.cn）
（长春市福祉大路 5788 号，邮政编码：130118）
发　　行：吉林出版集团译文图书经营有限公司
（http://shop34896900.taobao.com）
电　　话：总编办 0431-81629909　营销部 0431-81629880/81629881
印　　刷：武汉鑫佳捷印务有限公司

开　　本：787mm × 1092mm　1/16
印　　张：12
字　　数：200 千字
版　　次：2023 年 10 月第 1 版
印　　次：2023 年 10 月第 1 次印刷
印　　数：1-10 000 册
书　　号：ISBN 978-7-5731-4398-3
定　　价：128.00 元

印装错误请与承印厂联系　电话：027-87531181

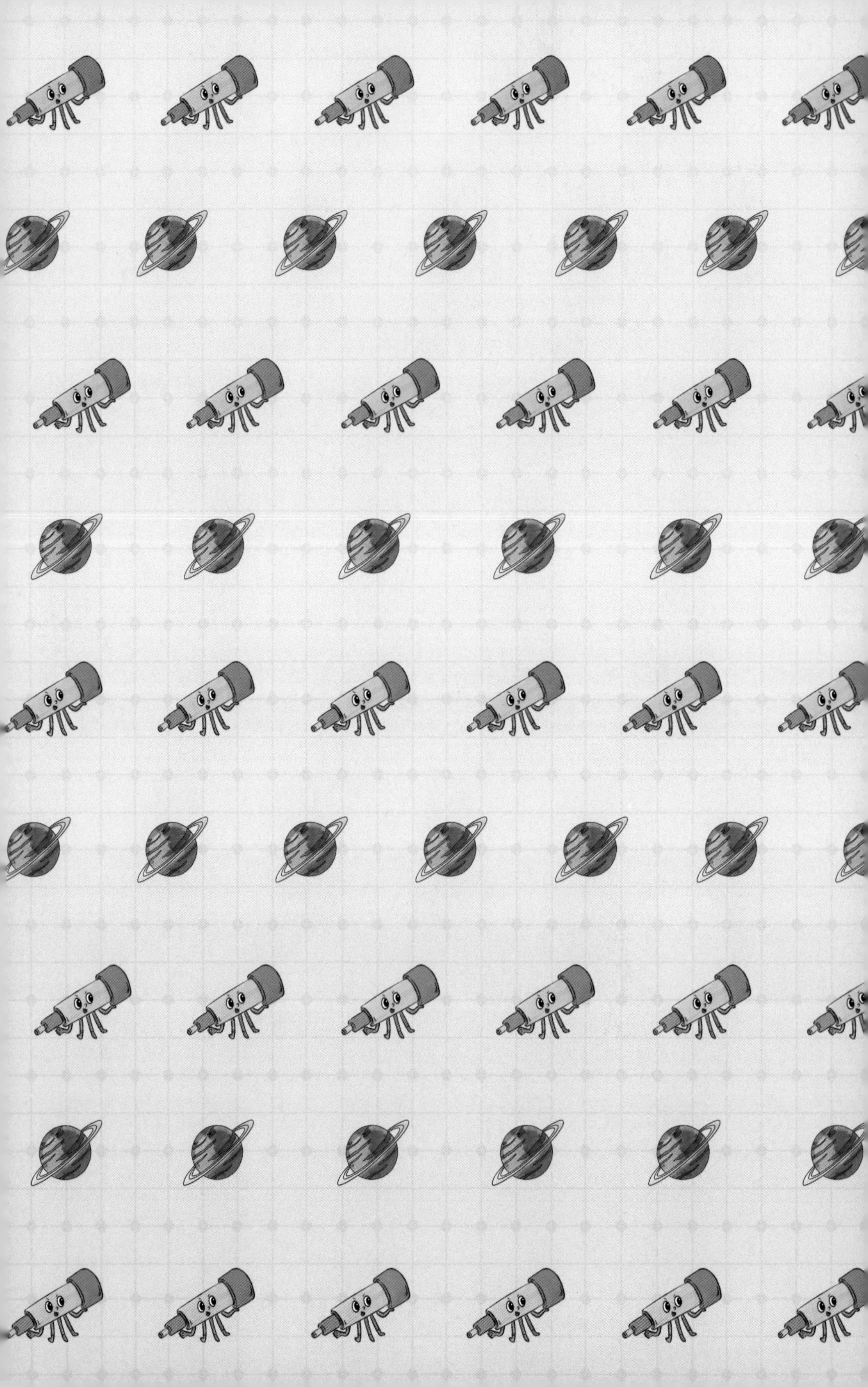

吉林出版集团股份有限公司
全国百佳图书出版单位

前言

这是一套带领孩子们探索数学、物理、化学和生物学奥秘的启蒙书。它由浅入深，从基本的数理化概念到高深的科学原理，从简单的生物现象到复杂的生物系统，全面丰富的内容将引领孩子们进入一个神奇的科学世界！

我们将从数学开始，引导孩子们解开古老的数学谜题，从基础算术到几何和代数，让孩子们在故事中愉快地学习。物理和化学将带领孩子们探讨物质变化的原理，让他们惊叹于自然的神奇和科技的力量，同时掌握基本原理。通过学习生物学，孩子们将了解生命科学，探索我们周围世界的多样性。

让我们一起开始这段奇妙的旅程，探索数学、物理、化学和生物学的奥秘吧！

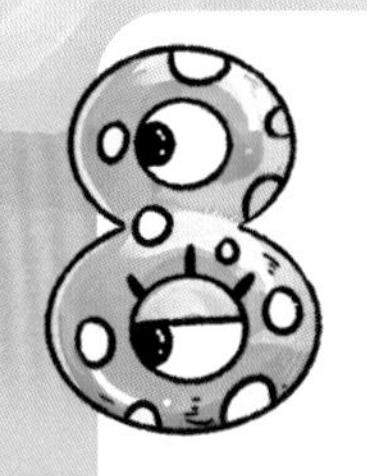

目录

数字的由来及运用

数字是用来计数的符号。世界通用的阿拉伯数字，是古代印度人发明的，经由阿拉伯人广泛传播到世界各地。数字家族很庞大，家族里有很多的成员，有整数，有分数，我们最常用的整数都由 0、1、2、3、4、5、6、7、8、9 这十个数字组成。

人类早期用打绳结的方法计数，后来改用在兽骨、竹木上刻画符号来计数。

自然数可以分为奇数和偶数。像 0、2、4、6、8 等可以被 2 整除的叫作偶数；1、3、5、7、9 等不能被 2 整除的叫作奇数。

生活中很多地方都有数字的存在，数字对我们来说很重要。

哥哥每天早上乘坐125路公交车上班。

0这个数字由古印度人在约公元5世纪时发明。他们最早用黑点表示零，后来逐渐变成了“0”。

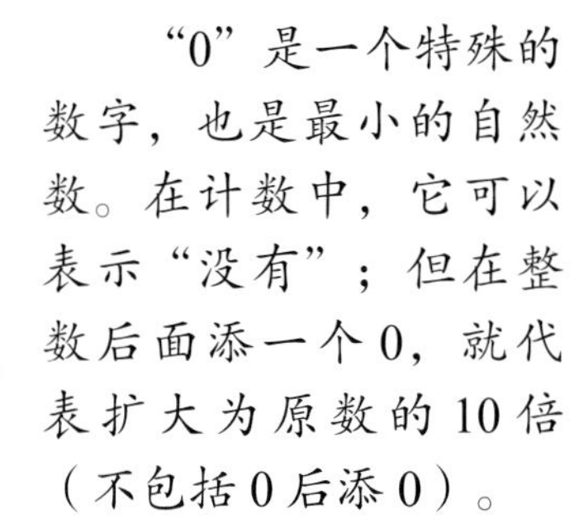

“0”是一个特殊的数字，也是最小的自然数。在计数中，它可以表示“没有”；但在整数后面添一个0，就代表扩大为原数的10倍（不包括0后添0）。

0的运算规则：一个数加0后，这个数不变，如$7+0=7$。

一个数减0后，这个数不变，如$8-0=8$。

一个数乘0后等于0，如$5\times0=0$。

0做除数则不成立，一个数除以0相当于将这个数分成0份，因此在运算规则中0不可以做除数。

比0小的数叫作负数，负数与正数表示意义相反的量。例如数字8，与之相对的负数是-8。

会“偷懒”的估算

妈妈对琪琪说：“你要学会根据你上课的时间，估算出你每天起床和出门的时间。如果不留出充足的时间，你就可能会迟到了！”琪琪问妈妈：“什么是估算呢？”妈妈说：“估算就是我们大概算出的时间，比如你早上上课的时间是八点半，我们步行去学校的路程需要走 20 分钟，那么我们在八点钟左右就必须出门了。”

估算就是算出近似值，近似值是接近标准、接近完全正确的数字，通常人们使用四舍五入、进一法和去尾法求近似值。

表示两个数近似相等的符号叫作约等号，常见的写法是“≈”。

四舍五入就是比保留的位数多看一位，该位上的数字是“5”或者比“5”大，向前进一；该位上的数字是“4”或者比“4”小，就舍去。例如：5.8 ≈ 6，5.2 ≈ 5。

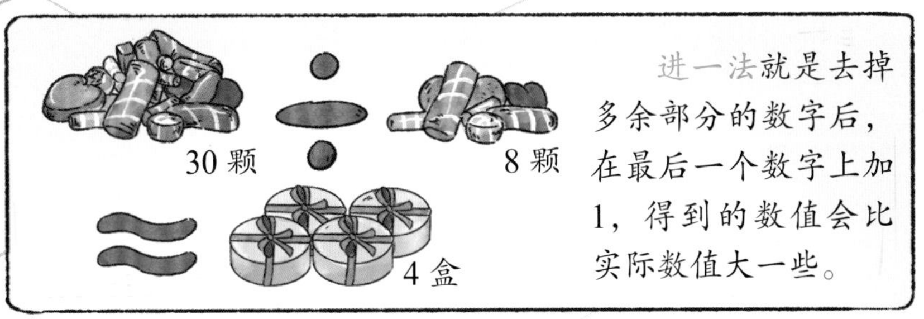

进一法就是去掉多余部分的数字后，在最后一个数字上加1，得到的数值会比实际数值大一些。

妈妈买回30颗不同的糖果，要把它们全部装在礼品盒里，每个礼品盒只能装8颗。需要盒子的数量为：30 ÷ 8 = 3.75，因为要把糖果全部装入礼品盒，根据进一法原则，需要加一，所以30 ÷ 8 ≈ 4。

笛笛带了35元去超市购买薯片，已知一盒薯片的单价为4元，笛笛可以购买薯片的盒数为：35 ÷ 4 = 8.75，根据去尾法原则，35 ÷ 4 ≈ 8，所以笛笛最多只能购买8盒薯片。

隐藏在数据中的平均数

小区附近新开了一家水果店，老板保证每个柚子都是 1 千克，10 个 1 袋，每袋 100 元钱。爸爸给俊俊买了 1 袋，回家后俊俊却说爸爸被骗了，你知道这是为什么吗？

俊俊把这10个柚子拿出来分别称重。

950克+955克+915克+960克+1005克+850克+1015克+1100克+1003克+800克=9553克。

9553/10=955.3克，柚子的平均重量果然不足1千克，比老板说的重量要少！

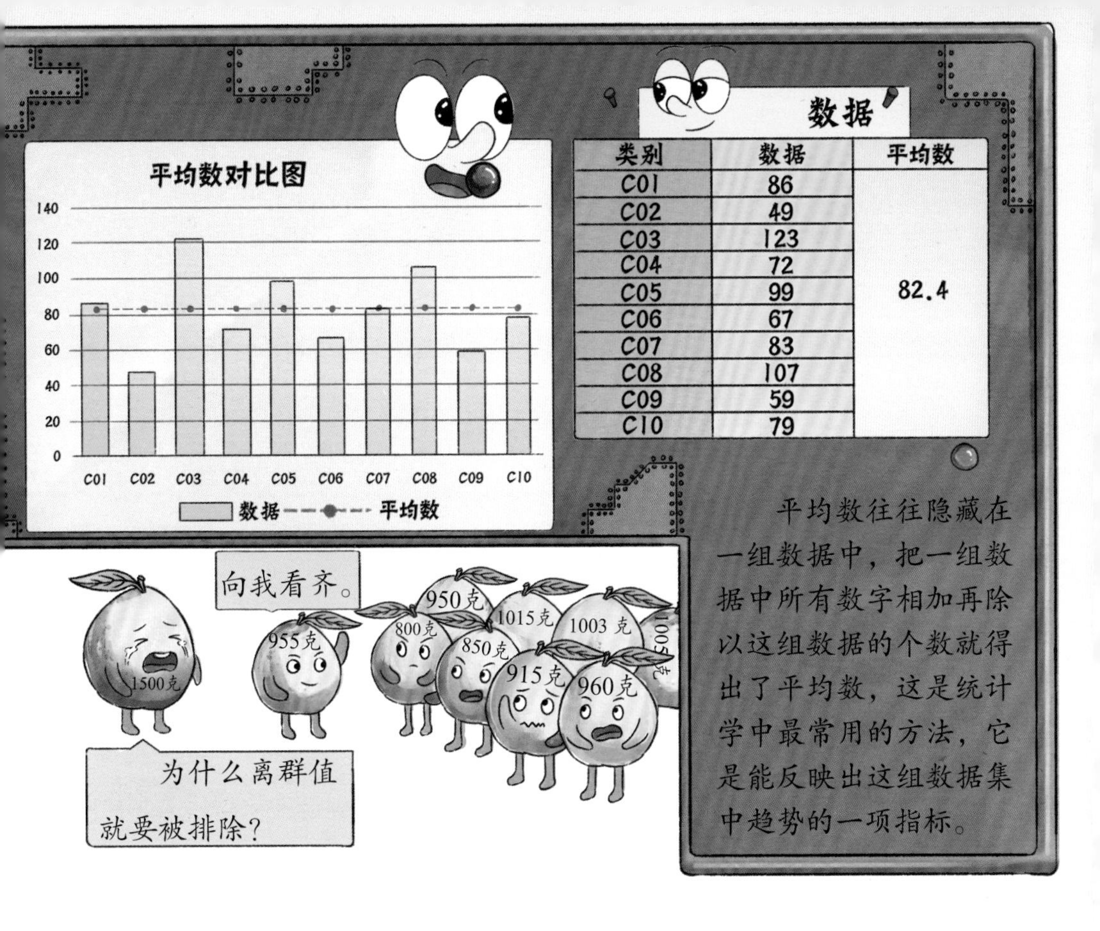
数据

类别	数据	平均数
C01	86	
C02	49	
C03	123	
C04	72	
C05	99	82.4
C06	67	
C07	83	
C08	107	
C09	59	
C10	79	

如果这10个柚子中有1个比其他柚子的重量大很多，那就要用到中位数来求得平均数啦！

假设柚子的重量分别为800克、850克、915克、950克、955克、960克、1003克、1005克、1015克、1500克，其中1500克的柚子就是需要排除的因素，叫离群值。那么这组数据中，位于中间的那个数据955克，它就是中位数。

请你试试看（思考题）：

新开的蛋糕店摆出了草莓蛋糕、巧克力蛋糕和榴莲蛋糕。请你帮蛋糕店做一下调研吧！看看顾客们最喜欢吃哪种蛋糕？

疯狂的进制

在没有数字概念的远古，人类的祖先是怎么计算数量的呢？那时，大家会选择用手指头或者用打绳结的方式来计算家里有多少猎物。随着人类打猎本领日益精进，猎物越来越多，用以前的计数方法总会数不清，你知道聪明的人类是用什么方法解决的吗？一起往下看吧！

人类发明了用特定的符号来表示一个数。如果有17只兔子，有的人会用一根木棍来表示有15只兔子，不足15只就用打绳结的方法来计算，这就是最早的“进制”之一。

请你试试看（思考题）：

除了常见的十进制、十二进制、六十进制以外，小朋友，请你试试看，设计出一种新的进制规则吧！

六十进制

除了计数上面最常用到的十进制，在计算时间和日期上我们用到了十二进制，也就是我们现在熟知的十二生肖。

六十进制的使用更为广泛。在几何学上，1度等于60分，1分等于60秒；在时间上，1小时等于60分钟，1分钟等于60秒。

认识时间

嘀！嘀！嗒

“叮铃铃……”闹钟把人们从睡梦中叫醒了，大家开始了忙碌的一天。我们的工作和生活都离不开时间，你知道什么是时间吗？一起来看看吧！

钟表是12小时制，将1天24小时分为两段，每段12小时。时针走1圈为12小时，分针走1圈为1小时，秒针走1圈为1分钟。

三千多年前的周朝发明了计时仪器“日晷”，利用太阳照出影子的长短和方向来测算时间。

标准时时差的计算方法：两个时区标准时相减就是时差。

莫斯科在东3区，北京在东8区。莫斯科在北京西侧，相隔5个时区。当北京时间9:00，在此基础上回推5个小时。9−5=4。所以此时莫斯科的时间就是当天的4:00。

时间的运转和地球运动密切相关。地球绕太阳公转1圈的时间就是1年，地球自转1圈的时间就是1天。地球是自西向东自转，由于东边比西边先看到太阳，东边的时间也比西边的早，所以出现了时差。

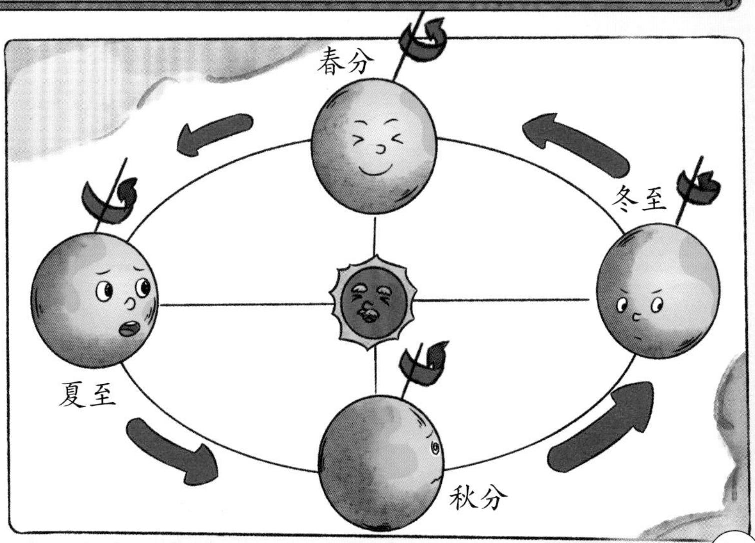

圆圆的飞盘

学校组织了飞盘比赛，结束后，小米坐在操场上一边回味今天的比赛过程，一边把玩着飞盘。这时，他的脑海中渐渐浮现出了一个疑问：操场是长方形的，测量出长和宽就能轻易测算出整个操场的面积，但是这个小小的圆形飞盘要怎么算出它的面积呢？你能帮帮他吗？

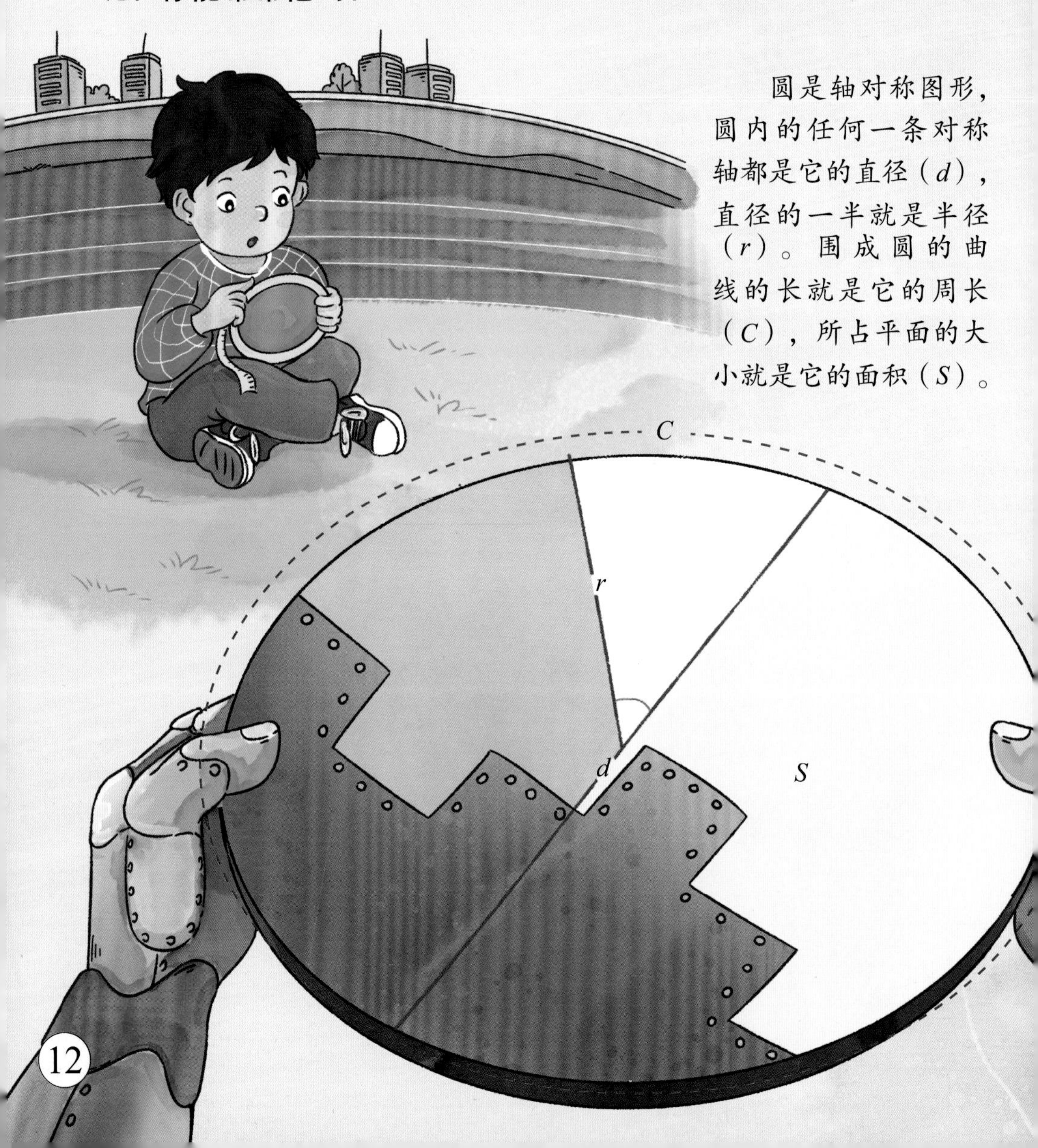

圆是轴对称图形，圆内的任何一条对称轴都是它的直径（d），直径的一半就是半径（r）。围成圆的曲线的长就是它的周长（C），所占平面的大小就是它的面积（S）。

早期，人们费尽心思用笨办法测出圆的周长。后来，他们逐渐发现，无论圆有多大或者多小，用圆的周长除以圆的直径，得到的都是一个基本固定的数值3.1415926……，这就是圆周率，用“π”来表示。

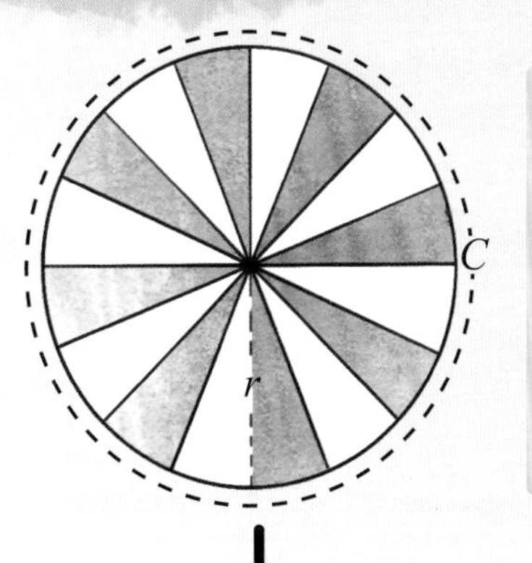

圆周长与直径有一个常数比“π”，所以，圆周长$C=\pi\times d$或者$C=2\pi r$。把一个圆平均分成若干份，然后将其拼成近似的长方形，近似长方形的长为圆的周长的一半（πr），宽为圆的半径（r），近似长方形的面积$S=\pi r\times r$，近似长方形的面积等于圆的面积，所以圆的面积$S=\pi r^2$。

r

C的一半

我们可以用皮尺量出飞盘的周长，但是这个方法显然不能用来计算摩天轮的周长。

请你试试看（思考题）：

位于山东的“渤海之眼”摩天轮的直径是125米，你能计算出它的面积吗？

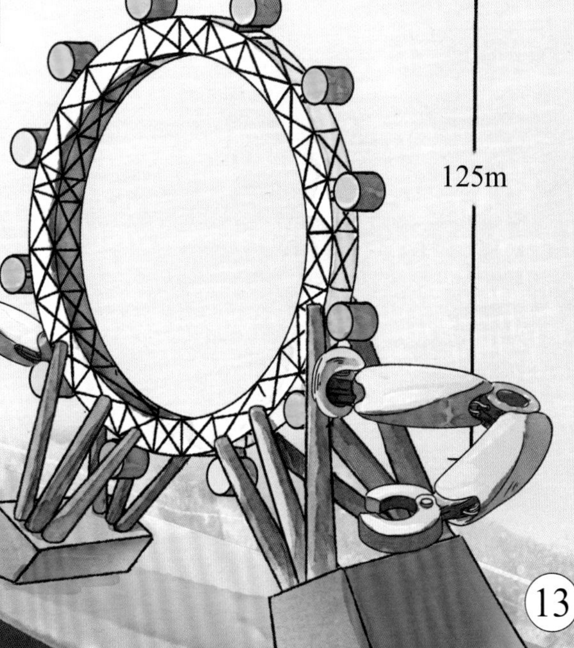

勾股定理

从前有个县官，他每天绞尽脑汁地搜刮百姓钱财。一天，他召集全城百姓来到一棵百年大树下，说这是一棵神树，至今谁也不知道它有多高。为了感谢神树赐福，要收一笔“祭祀税”，百姓苦不堪言。这时，有个小女孩勇敢地站出来，说她可以量出神树的高度，你想知道她是怎么量出来的吗？

直角三角形的两条直角边的平方和等于斜边的平方，这就是勾股定理。

股

弦

勾

直角三角形分为一般的直角三角形和等腰直角三角形，直角三角形直角所对的边也叫作“弦”。若两条直角边不一样长，短的那条边叫作“勾”，长的那条边叫作“股”。

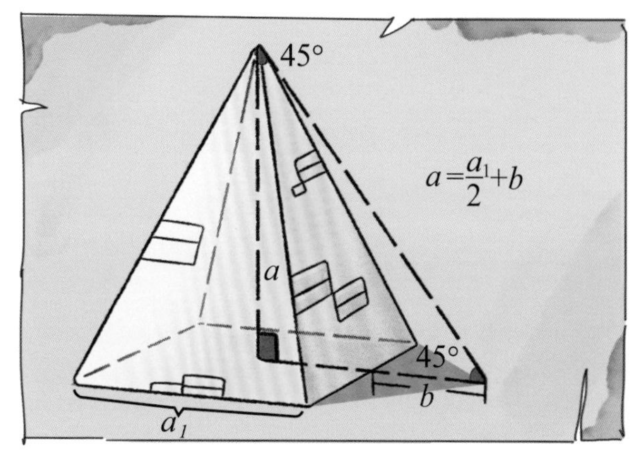

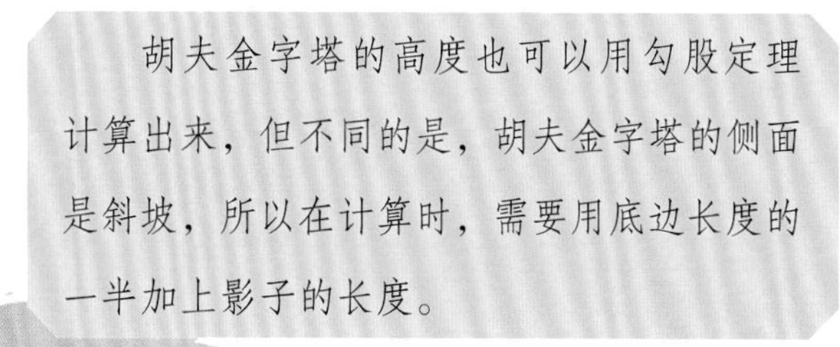
胡夫金字塔的高度也可以用勾股定理计算出来，但不同的是，胡夫金字塔的侧面是斜坡，所以在计算时，需要用底边长度的一半加上影子的长度。

迷路了怎么办

图图和朋友约好了在书店见面，走着走着图图迷路了。这时，他通过电话告诉朋友所在的位置，在朋友的指导下，图图很快找到了书店的位置。你知道如何描述图图的位置及位置的变化吗？聪明的数学家笛卡儿早就解决了这个问题，他创建了可以描述物体位置的坐标系，一起来看看吧！

二维坐标系：在同一个平面内两条相互垂直且有公共原点的数轴组成的平面直角坐标系，取向右与向上的方向分别为两条数轴的正方向。

用数对表示坐标，前面的数字表示横坐标，后面的数字表示纵坐标，中间用逗号隔开。

因此，直角坐标系上的一个点就可以表示为(x, y)。

水平的数轴叫作x轴或横轴，垂直的数轴叫作y轴或纵轴，x轴、y轴统称为坐标轴，它们的公共原点“O”称为直角坐标系的原点。

如何描述原点左边或者下边的物体的位置呢？可以延伸 x 轴、y 轴，使它们也包含负数，这就是负坐标系。在 x 轴上，负数显示在原点的左侧；在 y 轴上，负数显示在原点的下方。

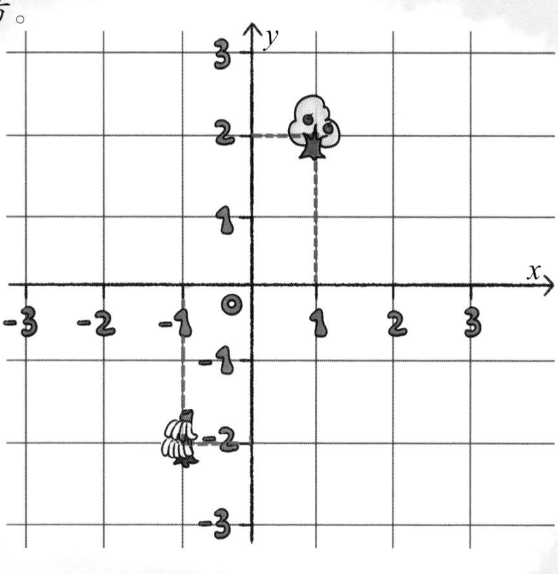

苹果树的位置用数对(1, 2)表示，它是从原点向右1个单位，再向上2个单位。

香蕉树的位置用数对(−1，−2)表示，它是从原点向左1个单位，再向下2个单位。

请你试试看（思考题）：

试着制作一张藏宝图，向你的朋友展示坐标系原理，并让朋友寻找，看看他们能否找到宝藏。

4 5 6

数学家们有时会在二维坐标轴上加一条线，代表第三维，称 z 轴。利用三维坐标系，可以画出三维物体在三维空间中的位置。

z
y
x

“不完美”的存在

一串数字排排站，1、2、3、4、5……可是有一天，来了一个不速之客“$\sqrt{2}$”，它站在了 1 和 2 之间，数字们问它是谁？从哪里来？“$\sqrt{2}$”急忙解释道：“我是被毕达哥拉斯学派弟子希伯索斯发现的，我来自无理数家族。”数字们议论纷纷：“无理数是什么？”“$\sqrt{2}$”说：“大家随我一起来看看吧！”

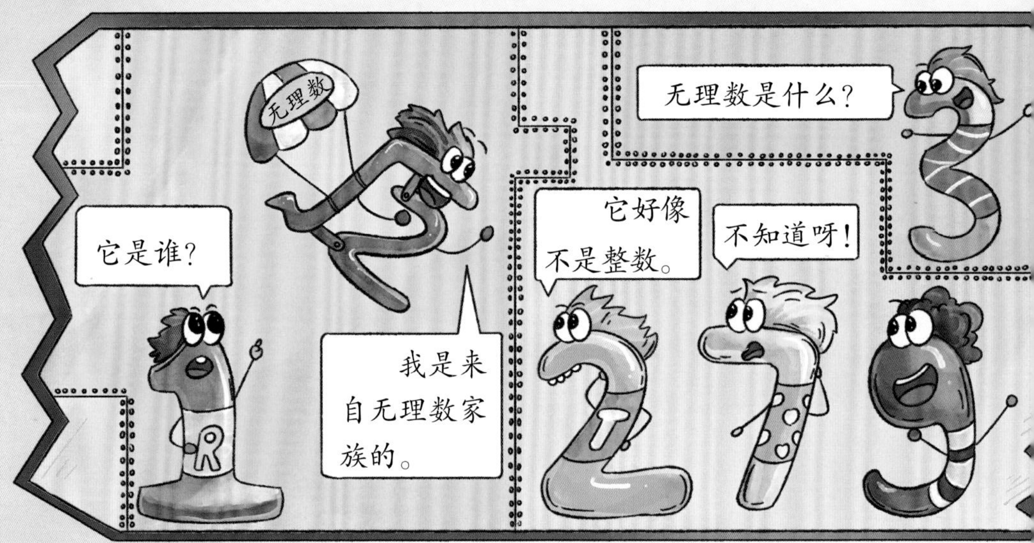

$\sqrt{2}$：我既不是整数，也不是分数，是一个无限不循环的小数，等于 1.41421356237……

19 世纪下半叶，德国数学家戴德金从数的连续性公理出发，用有理数来证明无理数必然存在，才算彻底结束了持续两千多年的第一次数学危机。

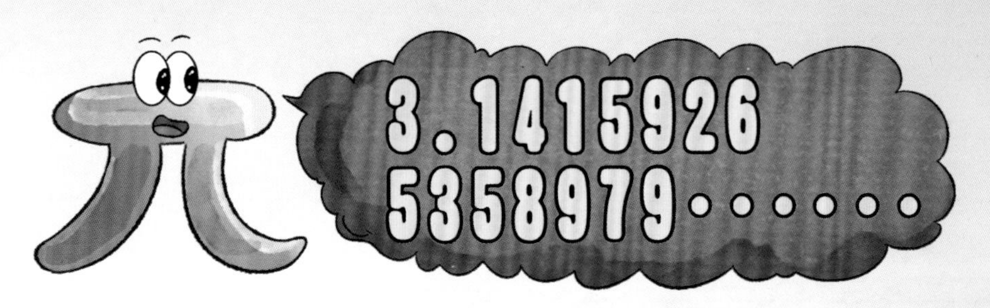

大家把无理数称为“不完美”的存在是因为无理数就是十进制下的无限不循环小数，它不能写作两个整数之比。如果写成小数形式，小数点之后的数字有无限个，并且不会循环。如圆周率 π、$\sqrt{2}$ 等。

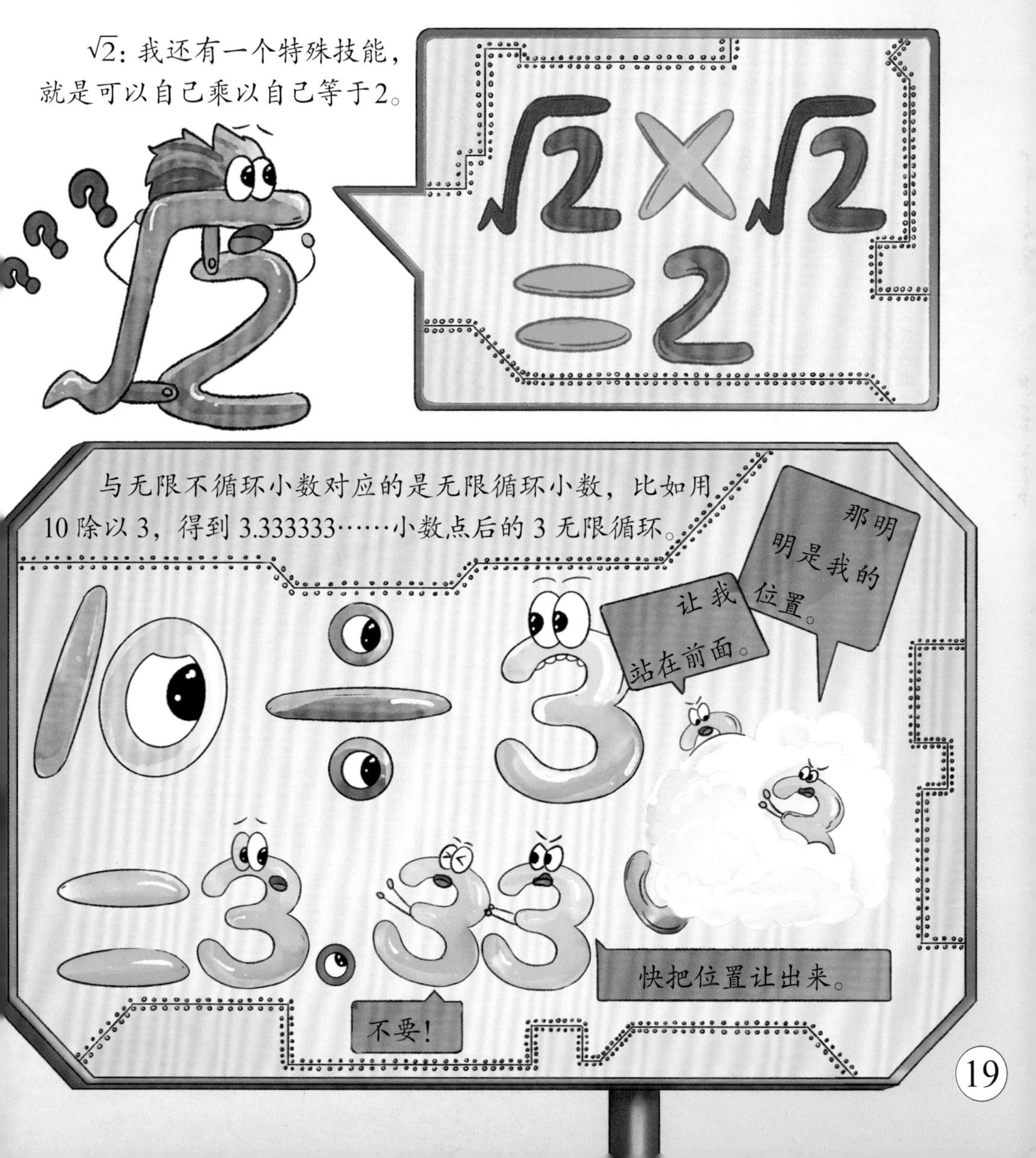

足球场有多大

足球是一项受大家欢迎的体育运动，足球场的基本条件是一块长方形的平地，国际足联规定的标准足球场场地大小为105米×68米，面积为7140平方米。那么，人们是如何确定足球场的面积是多大呢？

长方形面积计算是所有图形面积计算的基础，正方形是四条边长相等的特殊长方形，我们可以用正方形摆满长方形来计算长方形的面积。

长方形是特殊的平行四边形，计算平行四边形面积的公式是由长方形面积计算公式延伸而来的。即面积＝底 × 高。

我们如果想要计算出一个足球场的面积有多大，只需要测量出足球场的长和宽，再把它们相乘，就可以得出面积。

古代税收制度的实施，首先要弄清楚土地面积，把土地丈量清楚，然后按照亩数的比例来征税。

比如长方形的长度是5厘米，宽度是4厘米，我们拿面积是1平方厘米的正方形沿着长方形边长摆5行，每行摆4个，一共能够摆 $5\times4=20$ 个，正好是长方形长度乘以宽度，所以长方形面积是用长乘宽来计算的。

$105\times68=7140$（平方米）

长×宽=面积

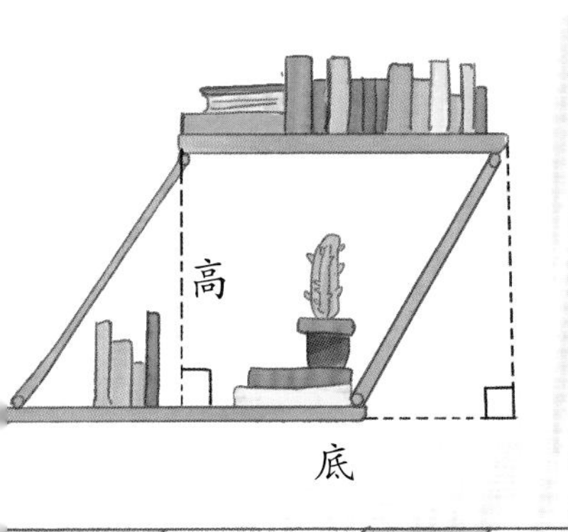

请你试试看（思考题）：

乐乐家用长8分米，宽6分米的瓷砖铺客厅地面，已知客厅铺设完成用了96块瓷砖，那么客厅的面积有多大呢？

超市打折的秘密

周末了，超市在促销，里面的物品大减价。冰激凌原价为 15 元，现降价 30%；玩具小熊原价 20 元，现在打 5 折售卖。你只有 10 元，可以买到什么物品呢？

冰激凌降价30%，在原价100%的基础上降价30%，即相当于按原价的70%售卖，把70%转化成小数为0.7，$15 \times 0.7 = 10.5$（元）。

玩具小熊打5折，即降价50%，相当于按原价的50%售卖，把50%转化成小数为0.5，$20 \times 0.5 = 10$（元）。

所以只能买到玩具小熊。

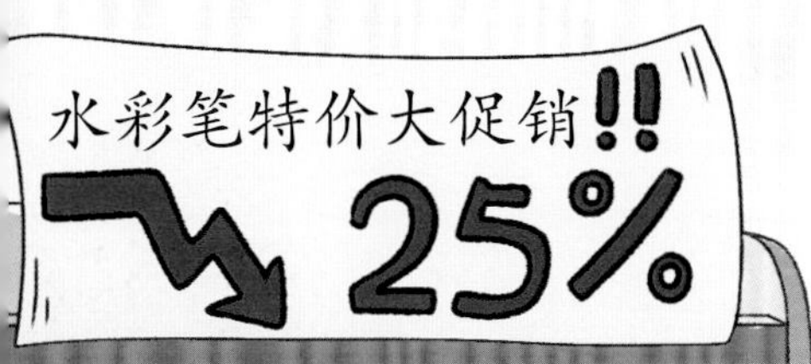

百分数也叫作百分率或百分比，百分比是一种表达比例、比率或分数数值的方法，通常采用百分号“%”来表示，在超市里，经常可以看到这种符号。

请你试试看（思考题）：

超市里的水彩笔促销降价25%，目前的价格是24元，那么这款水彩笔的原价是多少?

降价25%，相当于按原价的75%售卖，目前价格是24元，用24÷0.75=32（元）。

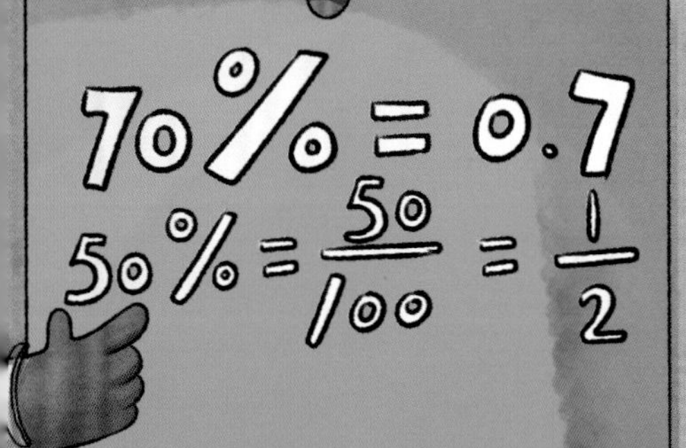

百分数会变身：去掉百分号，把小数点向左移两位，就变成了小数；把百分号变为分母是100的分数，再约分为最简分数。

完美比例

你发现了吗？舞台上的主持人并不是站在舞台的正中央，而是偏在台上的一侧。其实，他们站的位置就是一个黄金分割点，整个舞台上只有黄金分割点的位置最美观。现在，让我们一起来揭开黄金分割的秘密！

黄金分割是指将整体一分为二，较大部分与整体部分的比值等于较小部分与较大部分的比值，其比值约为 0.618。这个比例被公认为是最能引起美感的比例，被称为黄金分割。

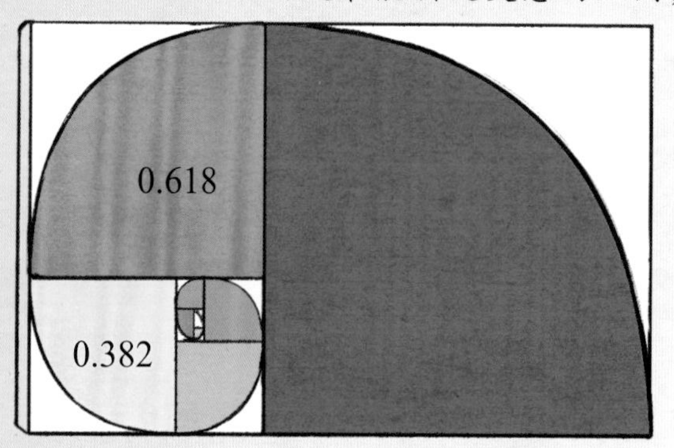

1 ： 1.618

帕特农神庙

0.618　0.382

0.382

0.618

蜗牛壳

断臂的维纳斯雕像所展现出来的人体比例就是完美的黄金分割比例。

我们可以把下面的线段看作舞台，我们尝试把线段分为一短一长两部分，让它们的长度满足这样的关系：短：长＝长：全，这就是所谓的黄金分割。
这个比例式中的“短”指点把线段分成的短段，“长”指点把线段分成的长段，而“全”指整条线段的长度（全＝短＋长）。
长
短
0.618
黄金分割点
0.382
长
全
短
全
长

古罗马遗址里的数学

迪迪国庆期间和爸爸妈妈去古罗马遗址这个景点旅游观光，他发现这些建筑遗址都是由圆柱体、长方体和正方体这三种立体几何图形构成的。他心中生出了一个疑问，那如果想要算出它们的表面积和体积应该怎么做呢？迪迪决定试一试。

长方体有六个面，十二条棱，八个顶点。长方体的面一般是长方形，也可能有两个面是正方形，互相垂直的三条棱分别叫作长方体的长（a）、宽（b）、高（h）。

我们将长方体的长、宽、高相乘，就可以得出长方体的体积，即 $V_{长}=a\times b\times h$。

正方体与长方体基本特点相同，但正方体的每个面都是相同的正方形，所以它的十二条棱长都相等。我们都知道正方体的体积公式为：$V_{正}=a\times a\times a$，a 为棱长。

圆柱体的表面积（$S_{表}$）是用圆柱体的侧面积（$S_{侧}$）加上两个圆底的面积（$S_{底}$）。$S_{侧}$是圆底的周长（$2\pi r$）×圆柱体的高（h），$S_{底}=2\pi r^2$，所以$S_{表}=2\pi r^2+2\pi rh$。

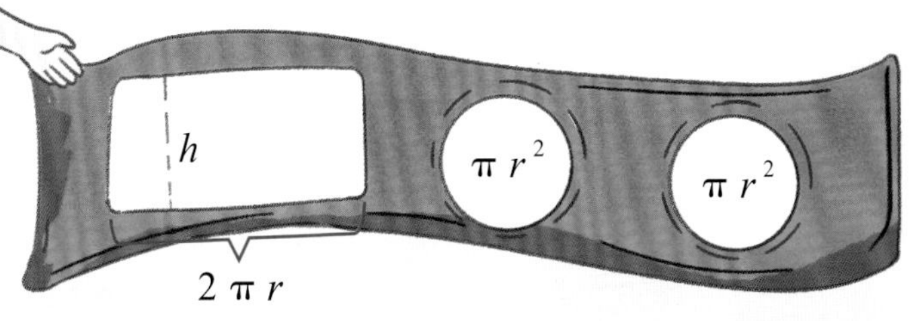

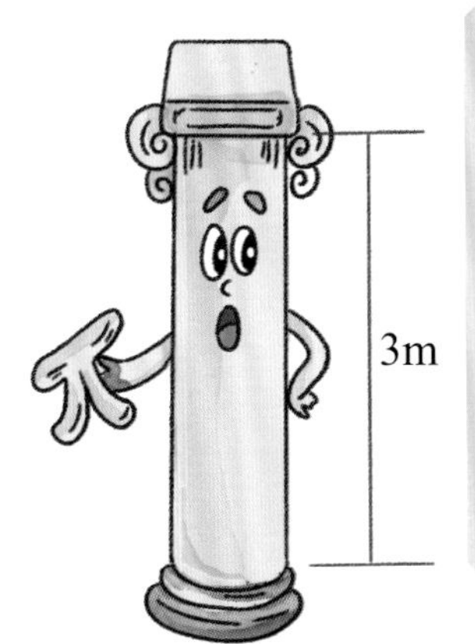

假设一根罗马柱的半径是15厘米，用$r=15$厘米表示，高为3米，用$h=300$厘米表示，那么根据公式求圆柱体的表面积，应该是$S_{侧}=2\pi rh$，即$2\times3.14\times15\times300=28260$（平方厘米），$S_{底}=2\pi r^2$，即$2\times3.14\times15^2=1413$（平方厘米），所以圆柱体的表面积转换成算式就是$28260+1413=29673$（立方厘米）。（$\pi$的取值是3.14）

如何运用数据改变世界

电话手表中的导航系统可以帮助小朋友选择一条最近的路线；图书馆中的智能借书系统，会智能筛选出最受欢迎的图书并在主页推送，供读者参考；商店老板通过盘点以往商品交易数据就可以清楚地知道顾客们的喜好……看似是我们在做选择，其实是大数据筛选出与我们相匹配的信息，帮我们做出最优的选择。

用大数据探索行业发展规律和行业发展趋势，有效分析用户需求，并预测用户行为，最终实现对市场的预测，提升企业科学决策的能力，这就是大数据的底层逻辑。

大数据能对所有数据进行专业化分析处理，筛选出有价值的信息，是因为统计为大数据进行数据价值化奠定了必要的基础。

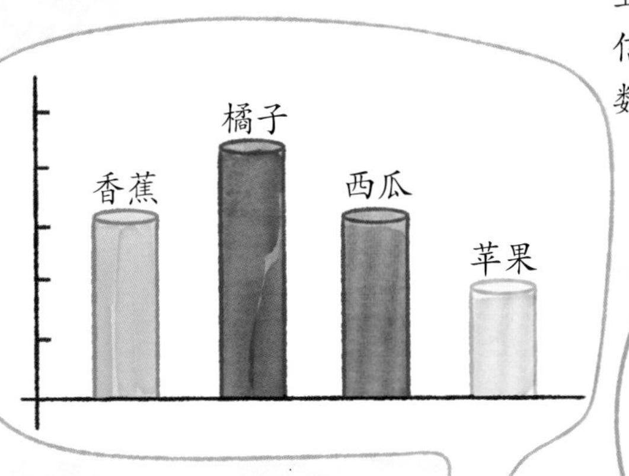

菠萝
香蕉
橘子

这是一个不爱吃辣、不爱甜食、注重健康的上班族。

图表是最直观展示数据的方式，用图表来分析数据、寻找规律、得出结论更加容易。

把自己设想成商店的老板。一天，有个客人想要苹果；第二天的同一时间，他想要不辣的甜椒；第三天，还是这个时间，他想要不加糖的咖啡……这一个月他每天都来光顾，根据他的选择，你就能够分析出这个人的大概喜好，通过来商店的时间，也能分析出他的职业类型等有实质意义的数据。如此一来，你就可以预测出他需要的物品，并进行准备。

中奖的概率

我们在生活中经常会看到某些商家举办的抽奖活动，那么抽奖的中奖概率到底是依据什么规则来制定的呢？我们现在来一探究竟吧！

概率，是反映随机事件出现的可能性大小。随机事件是指在相同条件下，可能出现也可能不出现的事件。

商家举办活动，在抽奖盒中装有4个黑球，1个白球，这些球的形状、大小、质地完全相同，只有颜色的区别。在看不到盒子内物品的情况下，随机从盒子中摸出1个球。这个球是白球的概率是多少？是黑球的概率是多少？

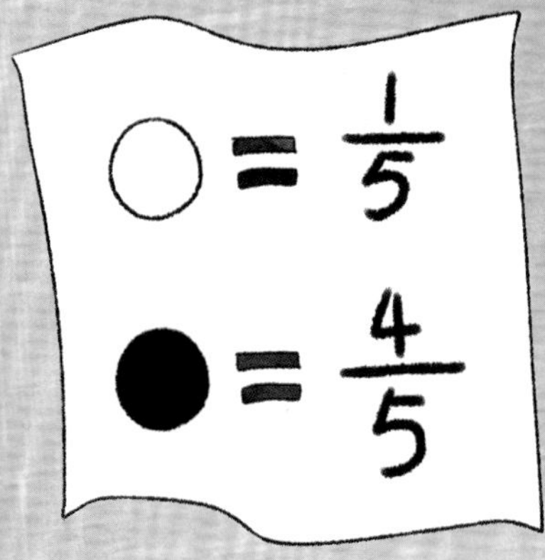

在上面的抽奖活动中，出现黑球和白球都属于随机事件，一次摸球可能出现“黑球”或“白球”，我们无法确定摸到的是哪一种球。因为摸到每一个球的概率都是1/5，所以摸出黑球的概率为4/5，摸出白球的概率为1/5，摸出黑球的概率更大。

我们生活中有与概率相关的典型例子，那就是彩票。假设奖池中有彩票1000张，只有1张中奖。那么中奖的概率为0.001，不中奖的概率为0.999，所以买一张彩票就中奖的概率很小。把奖池所有的彩票买下来能确保百分之百中奖，但买下所有彩票的钱会远超中奖获得的奖金。

有趣的数列

“六一”儿童节到了，学校组织孩子们去电影院看电影。细心的乐乐发现电影院的座位排列很有规律，第一排有 10 个座位，第二排有 14 个座位，第三排有 18 个座位，第四排有 22 个座位，每一排都比前面的一排要多 4 个座位。

电影院为了给观众带来最佳的观看效果，通常采用等差的排列方式来安排座位：10、14、18、22……在这组数列中，从第 2 个数字起，依次与它前面的一个数字的差都相同，那么这组数列叫等差数列。

我们可以发现，等比数列从第 2 个数字起，每一个数字与它的前一个数字的比值都相同。

如果周六去看电影，那么只需要存五天的钱：第一天往存钱罐里放 2 元，第二天放 4 元，第三天放 8 元，第四天放 16 元……这组数列中后一个数都是前一个数的 2 倍，4 是 2 的 2 倍，8 是 4 的 2 倍，16 是 8 的 2 倍……

1、1、2、3、5、8、13、21、34……这组数列是斐波那契数列，它最开始的数字是 1 和 1，之后每一个数字都是前两个数字之和。自然界中很多现象的数列规律都符合斐波那契数列。

斐波那契数列

1，1，2，3，5，8……

1+1　1+2　2+3　3+5

请你试试看（思考题）：金字塔数列问题

找规律填数，已知下列数列

（1）1、2、1

（2）1、2、3、2、1

（3）1、2、3、4、3、2、1

（4）1、2、3、（ ）、（ ）、6、5、4、（ ）、（ ）、1

不用说的秘密

“滴，滴，滴，嗒，滴……”这是什么声音？原来是电视上的电报员在发送加密信息呢！好奇的科科来了兴趣，打算好好研究一番。他查到这个电报员利用的其实是莫尔斯电码，现在让我们随着科科的调查资料一起来了解一下吧！

莫尔斯电码也被称作莫斯密码，是一种早期的数字化通信形式，是只使用零和一两种状态的二进制代码，它通过不同的排列顺序来表达不同的英文字母、数字和标点符号。

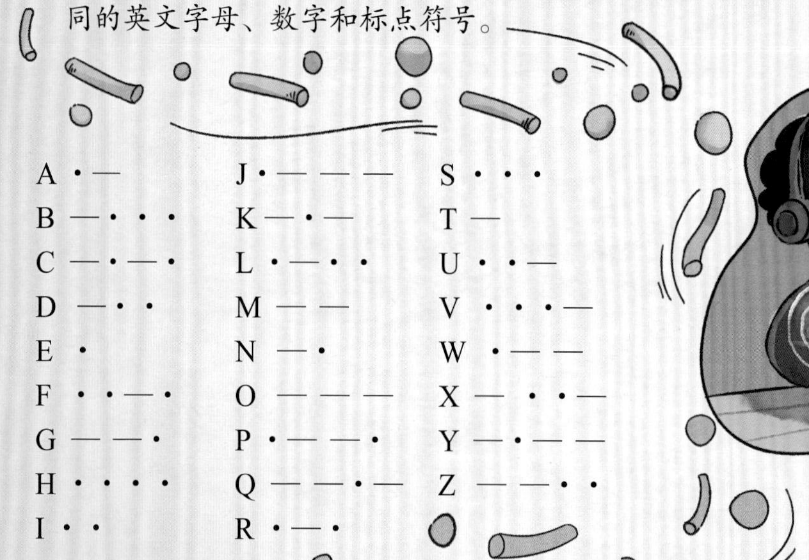

A •—	J •———	S •••
B —•••	K —•—	T —
C —•—•	L •—••	U ••—
D —••	M ——	V •••—
E •	N —•	W •——
F ••—•	O ———	X —••—
G ——•	P •——•	Y —•——
H ••••	Q ——•—	Z ——••
I ••	R •—•	

莫尔斯电码由两种基本信号组成：短促的点信号“•”，读“滴”；保持一定时间的长信号“—”，读“嗒”。每个电码符号需要用“/”区分开，这样我们才能知道这个电码符号所代表的字母。

请你试试看（思考题）：

尝试用莫尔斯电码向朋友传递信息，让他来破解吧！

接下来，让我们来试一试。首先把想表达的话写下来，例如“早上好”，英语是“Good Morning”。

将每个字母所代表的电码符号写下来，如下“— —· — — — — — — —·· — — — — — ·—· —· ·· —· — —·”。

你知道吗？“··· — — — ···”这是国际莫尔斯电码求救信号“SOS”，它不是任何单词的缩写，信号特点是三短、三长、三短。

如果用灯光来求救，就按照“短亮—暗—短亮—暗—短亮—暗，长亮—暗—长亮—暗—长亮—暗，短亮—暗—短亮—暗—短亮—暗”这个规律来显示。如果不是特殊情况，小朋友们不要随意尝试哟！

为什么赢不了乌龟

古希腊的芝诺就用阿喀琉斯跑不赢乌龟的传说来解释无穷这个概念，在有限的世界里，我们当然知道阿喀琉斯能够捉住乌龟，阿喀琉斯肯定也能跑到终点，但是在无穷的世界里，阿喀琉斯跑不过乌龟这个悖论也有它的逻辑。

在阿喀琉斯和乌龟的竞赛中，他的速度为乌龟的10倍，乌龟在前方100米处开始跑，他在后面追。当阿喀琉斯追到100米时，乌龟已经又向前爬了10米，于是，一个新的起点产生了。阿喀琉斯继续追，而当他追到乌龟爬的这10米时，乌龟又已经向前爬了1米，阿喀琉斯只能再追向那个1米。每当阿喀琉斯到达乌龟的出发点时，乌龟又向前爬了一段路，新的出发点又在等着阿喀琉斯，如此循环下去，乌龟制造出了无穷个起点。

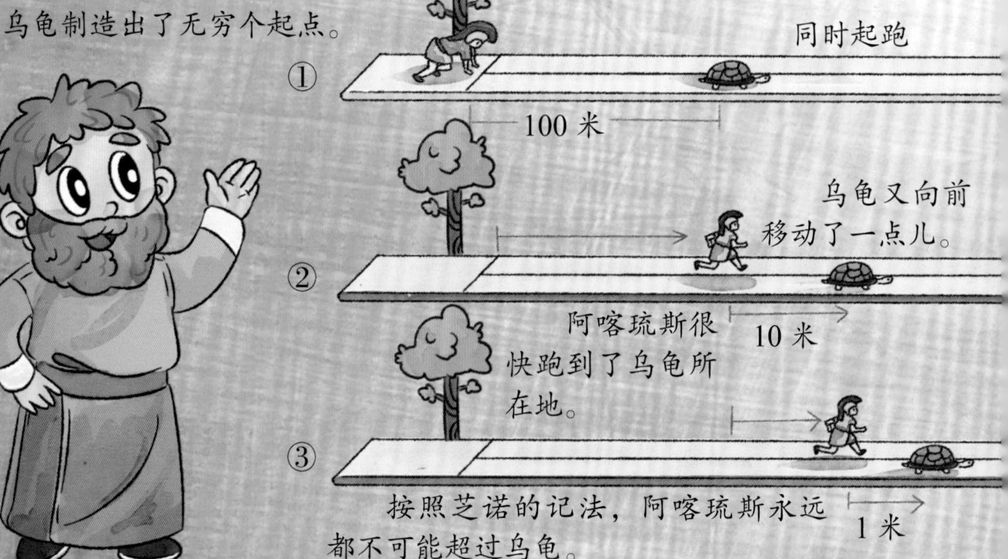

按照芝诺的记法，阿喀琉斯永远都不可能超过乌龟。

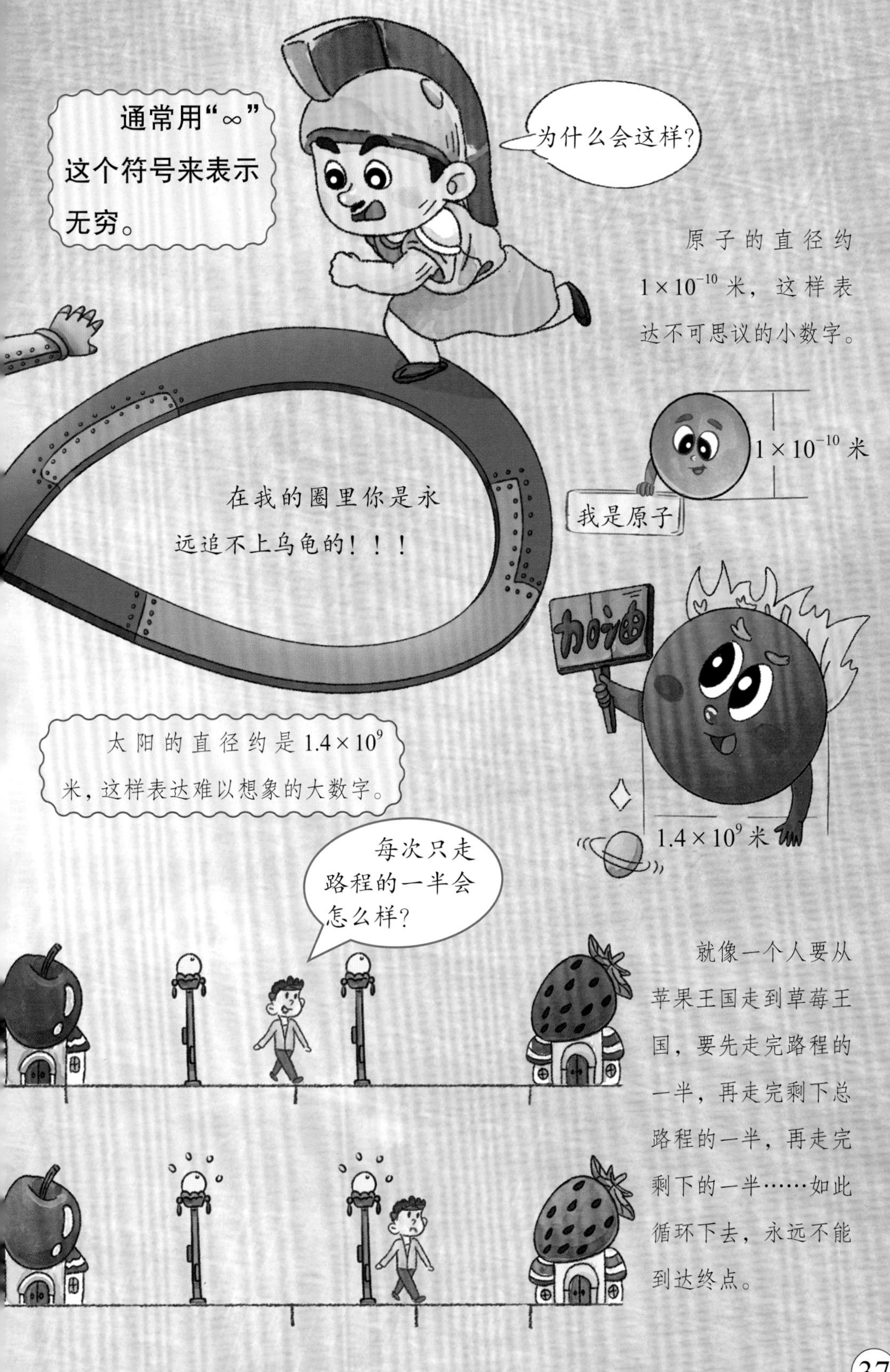
通常用“∞”这个符号来表示无穷。
为什么会这样？
原子的直径约1×10^{-10}米，这样表达不可思议的小数字。
1×10^{-10}米
我是原子
在我的圈里你是永远追不上乌龟的！！！
加油
太阳的直径约是1.4×10^{9}米，这样表达难以想象的大数字。
1.4×10^{9}米
每次只走路程的一半会怎么样？
就像一个人要从苹果王国走到草莓王国，要先走完路程的一半，再走完剩下总路程的一半，再走完剩下的一半……如此循环下去，永远不能到达终点。

如何实现利益最大化

晚上八点，爸爸给小布讲睡前故事：两位猎人参加狩猎比赛，被困森林，按照他们的经验，每人一天最多只能打4只山鸡，两人一起才能捕获一只野猪，4只山鸡能保证一人4天不挨饿；一只野猪能让2人吃上10天。如何让两位猎人在最大限度保存体力的情况下，获得充足的食物补给呢？

在这个故事中，假设甲和乙是两个能力相等的年轻人，捕获4只山鸡获得能量值为4，捕获1只野猪每人获得能量值为10，没有收获的话能量值为0，我们梳理一个矩阵图：

		乙	
		山鸡	野猪
甲	山鸡	4,4	4,0
	野猪	0,4	10,10

在数学中，矩阵是一个按照长方阵列排列的复数或实数集合，应用于统计分析中，有助于简化问题便于运算。所谓支付矩阵是用来描述两个人或多个参与人在做出不同决定时所获得的收益或惩罚的矩阵。

甲、乙选择山鸡，两人各自获得4；甲选择山鸡，乙选择野猪，甲获得4，乙无收获；甲选择野猪，乙选择山鸡，甲无收获，乙获得4；甲、乙选择合作猎捕野猪时，两人分别获得10。合作猎捕野猪是让他们获得最大收益的方式，这种考量方式就是出于支付矩阵中的收益矩阵。

小丑鱼与海葵有着密不可分的共生关系，因此又称海葵鱼。带毒刺的海葵保护小丑鱼，海葵则吃小丑鱼消化后的残渣，形成一种互利共生的关系。

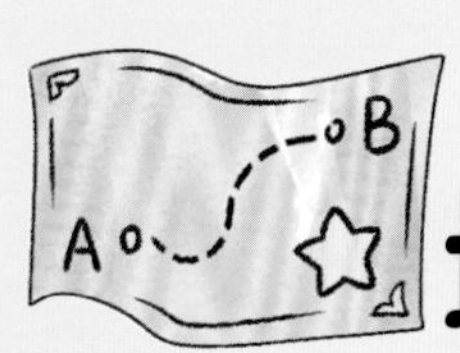

最棒的旅行路线

去旅行时，我们都会计划一条最棒的旅行路线，选择一条不必走“回头路”的路线，不仅能节省体力和时间，还能节约旅行成本，更好地享受旅行带来的快乐！但是世界上还真有一个地方，让你不得不走“回头路”。不信？让我们一起去位于俄罗斯的加里宁格勒（别名哥尼斯堡）看看吧！

哥尼斯堡有7座桥连接着各个区域，但是没人能找到一条既能走过城市的每个区域，又恰好走过每座桥一次的路线，这就是著名的哥尼斯堡七桥问题。

欧拉的研究思路是用4个点 A、B、C、D 分别表示4个区域，用7条线段表示7座桥，这样简化成几何图形后，问题就成为如何一笔画出图中的图形。

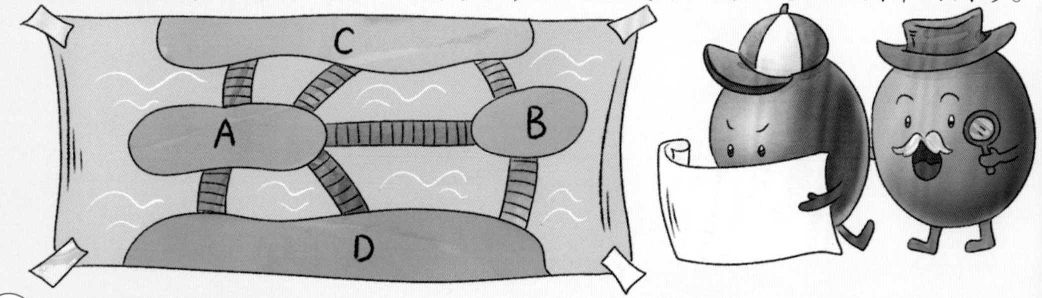

“七桥问题”里对应的几何图形中，连接4个区域的桥的数量均为奇数，除非加上或者减去一座桥，使连接两个区域的桥的数量变成偶数才能解决。

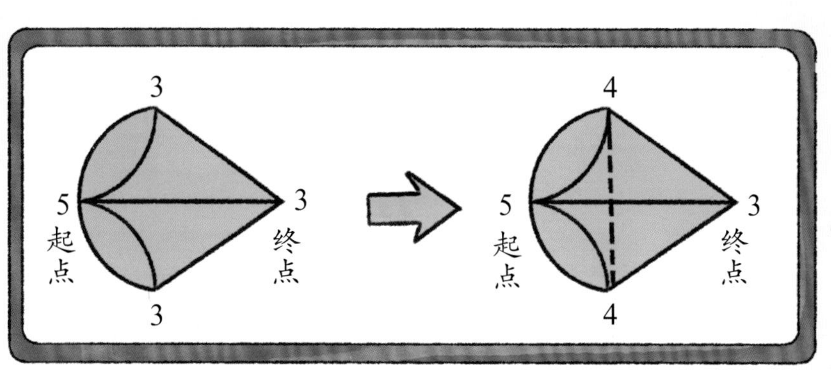

欧拉提出的关于位置几何的解法为现今的“网络论”提供了基础，网络中一个网页相当于一个区域，超链接相当于桥，显然它比七桥“一笔画”复杂得多。

请你试试看（思考题）：

右边的这几个图中，哪些可以一笔画出？请你也设计出“一笔画”的题目来考考爸爸妈妈吧！

1.

2.

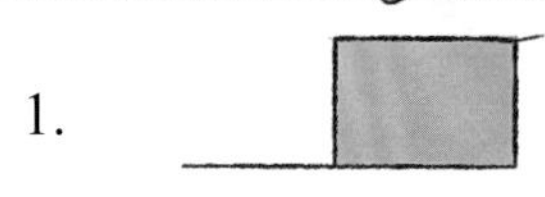

3.

4.

5.

6.

图书在版编目（CIP）数据

漫画数学 / 肖傲编著 . -- 长春 : 吉林出版集团股份有限公司 , 2023.10
（我的第一套理科启蒙书）
ISBN 978-7-5731-4398-3

Ⅰ . ①漫… Ⅱ . ①肖… Ⅲ . ①数学 - 青少年读物 Ⅳ . ① O1-49

中国国家版本馆 CIP 数据核字 (2023) 第 201250 号

WO DE DI-YI TAO LIKE QIMENG SHU

我的第一套理科启蒙书

编　　著：肖　傲
出版策划：崔文辉
项目统筹：郝秋月
选题策划：刘虹伯
责任编辑：刘　洋
助理编辑：邓晓溪

出　　版：吉林出版集团股份有限公司（www.jlpg.cn）
（长春市福祉大路 5788 号，邮政编码：130118）
发　　行：吉林出版集团译文图书经营有限公司
（http://shop34896900.taobao.com）
电　　话：总编办 0431-81629909　营销部 0431-81629880/81629881
印　　刷：武汉鑫佳捷印务有限公司

开　　本：787mm × 1092mm　1/16
印　　张：12
字　　数：200 千字
版　　次：2023 年 10 月第 1 版
印　　次：2023 年 10 月第 1 次印刷
印　　数：1-10 000 册
书　　号：ISBN　978-7-5731-4398-3
定　　价：128.00 元

印装错误请与承印厂联系　电话：027-87531181